Mohamed Ali Maroui

Les effecteurs de la réponse interféron

Mohamed Ali Maroui

Les effecteurs de la réponse interféron

La voie PML

Presses Académiques Francophones

Impressum / Mentions légales
Bibliografische Information der Deutschen Nationalbibliothek: Die Deutsche Nationalbibliothek verzeichnet diese Publikation in der Deutschen Nationalbibliografie; detaillierte bibliografische Daten sind im Internet über http://dnb.d-nb.de abrufbar.
Alle in diesem Buch genannten Marken und Produktnamen unterliegen warenzeichen-, marken- oder patentrechtlichem Schutz bzw. sind Warenzeichen oder eingetragene Warenzeichen der jeweiligen Inhaber. Die Wiedergabe von Marken, Produktnamen, Gebrauchsnamen, Handelsnamen, Warenbezeichnungen u.s.w. in diesem Werk berechtigt auch ohne besondere Kennzeichnung nicht zu der Annahme, dass solche Namen im Sinne der Warenzeichen- und Markenschutzgesetzgebung als frei zu betrachten wären und daher von jedermann benutzt werden dürften.

Information bibliographique publiée par la Deutsche Nationalbibliothek: La Deutsche Nationalbibliothek inscrit cette publication à la Deutsche Nationalbibliografie; des données bibliographiques détaillées sont disponibles sur internet à l'adresse http://dnb.d-nb.de.
Toutes marques et noms de produits mentionnés dans ce livre demeurent sous la protection des marques, des marques déposées et des brevets, et sont des marques ou des marques déposées de leurs détenteurs respectifs. L'utilisation des marques, noms de produits, noms communs, noms commerciaux, descriptions de produits, etc, même sans qu'ils soient mentionnés de façon particulière dans ce livre ne signifie en aucune façon que ces noms peuvent être utilisés sans restriction à l'égard de la législation pour la protection des marques et des marques déposées et pourraient donc être utilisés par quiconque.

Coverbild / Photo de couverture: www.ingimage.com

Verlag / Editeur:
Presses Académiques Francophones
ist ein Imprint der / est une marque déposée de
OmniScriptum GmbH & Co. KG
Heinrich-Böcking-Str. 6-8, 66121 Saarbrücken, Deutschland / Allemagne
Email: info@presses-academiques.com

Herstellung: siehe letzte Seite /
Impression: voir la dernière page
ISBN: 978-3-8416-2572-4

Copyright / Droit d'auteur © 2013 OmniScriptum GmbH & Co. KG
Alle Rechte vorbehalten. / Tous droits réservés. Saarbrücken 2013

Table des matières

I. Les interférons (IFN) 8
   DESCRIPTION ET CLASSIFICATION 8
   CELLULES PRODUISANT L'INTERFÉRON 8
   1. L'IFN-I 8
   2. L'IFN-Γ 9
   3. L'IFN-Λ 9
   INDUCTION DE L'EXPRESSION DE L'INTERFÉRON DE TYPE I SUITE À
   L'INFECTION VIRALE. 10
   1. LES TLR: SENSEURS DE L'INFECTION VIRALE 12
   2. VOIE DES SENSEURS INTRACELLULAIRES 12
   3. AUTRES SENSEURS VIRAUX 15
   MÉCANISMES D'ACTION DES INTERFÉRONS 16
   1. LA VOIE JAK/STAT 17
   2. LA VOIE DES MAPK DANS LA SIGNALISATION DE L'IFN 19
   3. LA VOIE DE LA PI3K DANS LA SIGNALISATION DE L'IFN 21
   ACTIVITÉS ANTIVIRALES DES INTERFÉRONS 22
   1. LES GTPASES MX 22
   2. LA VOIE DE L'OAS/RNASE L 25
   3. PKR 26
   4. ISG15 28
   5. ISG20 31

II. Rôle des protéines de la famille TRIM/RBCC dans la régulation de la réponse
antivirale 32
   STRUCTURE ET EXPRESSION DES PROTÉINES DE LA FAMILLE TRIM 32
   RÔLE DES PROTÉINES TRIM DANS LA RESTRICTION VIRALE 35
   1. TRIM22 35
   2. TRIM5A 36
   3. TRIM21 37
   EXPRESSION DES TRIM ET RÉGULATION PAR L'IFN 38

III. PML et les corps nucléaires PML 39
   1. DÉCOUVERTE DE PML 39
   2. STRUCTURE DE PML ET ISOFORMES 40
   3. RÉGULATION TRANSCRIPTIONNELLE DE PML 43
   4. MODIFICATION POST-TRADUCTIONNELLE DE PML 44
      a. SUMOylation de PML 44
      b. Phosphorylation de PML 44
      c. Autres modifications post-traductionnelles de PML 46
   5. DYNAMIQUE DES CN PML 46
   6. RÔLE DE SUMO DANS L'ASSEMBLAGE DES CN PML 47
   7. FONCTIONS DES CN PML 49

IV. Le système ubiquitine/protéasome 50
   1. GÉNÉRALITÉS 50
   2. STRUCTURE DU PROTÉASOME 50
      a. Le protéasome 26S 50
      b. Le protéasome 20S 51
      c. Protéasome 19S 52

3. SYSTÈME UBIQUITINATION/DÉUBIQUITINATION 53
   a. L'ubiquitine (Ub) 53
   b. L'ubiquitination: réaction et enzymes 53
4. PROCESSUS DE LA DÉGRADATION PAR LE PROTÉAOME 55
5. LOCALISATION DU PROTÉASOME 55
V. La SUMOylation 56
   1. DÉFINITION ET FONCTIONS 56
   2. CONJUGAISON /DÉCONJUGAISON DE SUMO 57
      a. Enzyme d'activation E1 58
      b. Enzyme de conjugaison E2 58
      c. Enzyme E3 SUMO ligase 59
   3. RÉGULATION DE LA SUMOYLATION 59
   4. UBIQUITINATION DÉPENDANTE DE SUMO 60
   5. MODÈLE DE DÉGRADATION SUMO DÉPENDANTE IMPLIQUANT RNF460
VI. CAS D'ÉTUDE DU VIRUS DE L'ENCÉPHALOMYOCARDITE (EMCV)

RÉALISÉ DURANT MA THÈSE DE DOCTORAT 62
   1. ROLE DE LA SUMOYLATION DANS LA DEGRADATION DE PML PAR LE VIRUS DE
   L'ENCEPHALOMYOCARDITE EMCV 62
   2. PMLIV INHIBE LE VIRUS DE L'ENCEPHALOMYPCARDITE EN SEQUESTRANT LA
   POLYMERASE 3DPOL DANS LES CORPS NUCLEAIRES PML 71
   CONCLUSION GÉNÉRALE 79

PRINCIPALES ABREVIATIONS

A

ADAR: ds-RNA-specific adenosine deaminase

ADN: Acide désoxyribonucléique

ARN: Acide ribonucléique

ARNi: ARN interférence

As2O3: Arsenic trioxide

ATR: Ataxia-telangiectasia-mutated and Rad3-related

ATRA: All-trans retinoic acid

C

CARD: Caspase activating recruitment domain

CARDIF: CARD adaptor-inducing IFN-β

cDC: Conventional dendritic cell

cDNA: Complementary DNA

CHK2: Checkpoint kinase 2

CK2: Casein kinase-2

CN PML: Corps nucléaire PML

CpG: Cytidine-phosphate-guanosine

D

DAI: DNA-dependent activator of IFN-regulatory factors

Daxx: Death domain-associated protein

DC: Dendritic cell

Ds: Double-stranded

E

EMCV: Encephalomyocarditis virus

EBV: Epstein-barr virus

ER: Endoplasmic reticulum

ERK: Extracellular regulated kinase

F

FADD: FAS-associated death domain

G

GAS: Gamma activated sequence

GPC: Glycoprotein precursor

GTOV: Guanarito virus

H

HBV: Hepatitis B virus

HCV: Hepatitis C virus
HF: Hemorrhagic fever
HFV: Human foamy virus
HIV: Human immunodeficiency virus
HSV: herpes simplex virus
HTLV-1: Human T cell leukemia virus type 1

I

IFN: Interferon
IFNAR: IFN-α/β receptor
IFN-I, -II, -III: IFN de type 1, de type 2, de type 3
IGR: Intergenic region
IKK: IκB Kinase Kinase
IKKi: I-Kappa-B Kinase Epsilon
IKKε : IκB kinase ε
IL: Interleukin
IPS: IFN-β-promoter stimulator
IPS-1: IFN-β promoter stimulator 1
IRAK: IL-1 receptor-associated kinase
IRF: interferon regulatory factor
ISG: IFN-stimulated gene
ISGF: ISG factor
ISRE: IFN-stimulated response element

J

JAK: Janus kinase
JUNV: Junin virus

L

LAP: Leucémie aiguë promyélocytaire
LASV: Lassa virus
LCMV: Lymphocytic choriomeningitis virus
LF: Lassa fever
LPS: Lipopolysaccharide
LGP2: Laboratory of genetics and physiology-2

M

MACV: Machupo virus
MAPK: Mitogen-activated protein kinase
MAVS: Mitochondrial antiviral signaling protein
MDA5: Melanoma differentiation associated gene 5

MHC: Major histocompatibility complex
MM: Metallophilic macrophage
mTOR: Mammalian target of rapamycin
MyD88: Myeloid-differentiation primary-response gene 88
MZM: Marginal zone macrophage

N

NAP-1: NAK-associated protein 1
NDV: Newcastle disease virus
NES: Nuclear export signal
NF: Nuclear factor
NF-κB: Nuclear factor κB
NK: Natural killer
NLR: Nod-like receptor
NLS: Nuclear localisation signal
NP: Nucleoprotein
NS: Negative stranded

O

OAS: Oligoadenylate synthetase

P

MAMP: Microbe-associated molecular pattern
pDC: Plasmacytoid dendritic cell
PI3K: Phosphotidylinositol 3-kinase
PKR: Protein kinase R
PML: Promyelocytic leukemia
poly I:C: Polyinosinic-polycytidylic acid
PRR: Pattern-recognition receptor

R

RBCC: Ring finger, b box, coiled-coil
RdRp: RNA-dependent RNA polymerase
RIG-I: Retinoic acid-inducible gene 1
RING: Really interesting new gene
RLR: RIG-I-like receptor
RNase L: Ribonuclease L
RNF4: Ring finger protein 4
RNP: Ribonucleoprotein

S
S1P: Site 1 protease
SABV: Sabia virus
SBD: Sumo-binding domain
SIM: Sumo-interacting motif
SKI-1: Subtilisinkexin-isozyme-1
Ss: Single-stranded
STAT: Signal transducer and activator of transcription
STING: Stimulator of interferon genes
SUMO: Small Ubiquitin Modifier
T
TAB: TAK1-binding protein
TAK1: TGF-β-activated kinase 1
TBK: Tank-binding kinase
TBK1: TANK-binding kinase 1
TGF: Transforming growth factor
TIR: Toll/IL-1 receptor
TLR: Toll-like receptor
TNF: Tumor necrosis factor
TRADD: TNF receptor short form 1A (TNFRSF1A)-associated via death domain
TRAF: TNF receptor-associated factor
TRAIL: TNF-related apoptosis-inducing ligand
TRAM: TRIF-related adaptor molecule
TRIF: TIR-domain-containing adapter-inducing IFN-β
TRIM: Tripartite motif
Tyk: Tyrosine kinase
U
Uba2: Ubiquitin-like modifier activating enzyme 2
Ubc9: Ubiquitin conjugating enzyme 9
V
VISA: Virus-induced signaling adaptor
VSV: Vesicular stomatitis virus

Index des illustrations

Figure 1. Détection endosomiale et cytosolique de l'acide nucléique viral
Figure 2. Diversité et spécificité des senseurs viraux
Figure 3. Les RLR et leur activation
Figure 4. Représentation schématique de la voie de signalisation de RIG-I
Figure 5. Schéma général de la réponse IFN
Figure 6. Voie de signalisation JAK/STAT
Figure 7. Mécanisme d'activation de la MAPK p38 par l'IFN
Figure 8. Activation de la voie de la PI3K par l'IFNγ
Figure 9. Mécanisme d'action de MxA
Figure 10. La voie antivirale de l'OAS–RNaseL.
Figure 11. Mécanisme d'action de la PKR
Figure 12. Mécanisme d'action d'ISG15
Figure 13. Structure des protéines TRIM
Figure 14. Structure et isoformes de PML
Figure 15. Modifications post-traductionnelles de PML
Figure 16. Schéma représentant la biogénèse d'un corps nucléaire
Figure 17. Réprésentation schématique du protéasome 26S et le rôle de ses sous unités.
Figure 18. Les étapes de l'ubiquitination.
Figure 19. Voies de conjugaison et de déconjugaison de SUMO.
Figure 20. Contrôle protéolytique dépendant de l'ubiquitine des proteines modifiées par SUMO.

Tableau 1. Classification des interférons
Tableau 2. Altération des CN PML par les virus
Tableau 3. Isoformes de PML conférant la résistance aux virus à ADN et ARN

I. Les interférons (IFN)
Description et classification

L'IFN est la première cytokine à être découverte en 1957 par Isaacs et Lindenmann au cours de leurs études sur les interférences virales (Isaacs and Lindenmann, 1957). C'est la première cytokine dont le gène a été cloné et la protéine recombinante produite pour une vaste application clinique (Billiau, 2006). Les IFN ont été classés en trois groupes, les IFN de type I (IFN-I), de type II (IFN-II) et de type III (IFN-III), qui sont antigéniquement distincts. Cette classification a été faite sur la base des séquences en acides aminés des IFN et leur reconnaissance par des récepteurs spécifiques (Ank et al., 2006). Chez les mammifères, les IFN-I constituent une famille multigénique avec au moins huit sous types: IFN-α, IFN-β, IFN-ε, IFN-κ, l'IFN-ω, l'IFN-τ, IFN-δ, et l'IFN-ζ (limitin) (tableau 1) (Pestka et al., 2004). L'IFN-II est représenté uniquement par l'IFN-γ (Schoenborn and Wilson, 2007). En 2003, une nouvelle famille d'IFN a été découverte, l'IFN-λ (Kotenko et al., 2003; Sheppard et al., 2003), qui regroupe trois membres, l'IFN-λ1, l'IFN-λ2, et l'IFN-λ3.

Tableau 1 : Classification des interférons

Type I IFNs	Type II IFN	Type III IFNs
IFN-α: α-1, α-2, α-4, α-5, α-6, α-7, α-8, α-10, α-13, α-14, α-16, α-17, α-21 IFN-β IFN-ω IFN-ε IFN-κ IFN-δ^a IFN-τ^b IFN-ζ (limitin)^c	IFN-γ	IFN-λ1/IL-29 IFN-λ2/IL-28A IFN-λ3/IL-28B

[a] trouvé chez le porc [b] chez les ruminants [c] chez la souris

Cellules produisant l'interféron
1. L'IFN-I

La production d'IFN-I est l'une des réponses immunitaires les plus rapides de l'hôte. En effet, l'expression de l'IFN est induite dans les heures suivant l'infection virale. La plupart des cellules ont la capacité de produire de l'IFN-I quand elles sont infectées par un virus. La synthèse de l'IFN-I dans les cellules infectées est déclenchée suite à l'interaction des composants du virus avec les senseurs PRR (pattern recognition receptors) de la cellule hôte, ce qui active les voies de signalisation conduisant à l'induction de l'IFN-I. Des cellules hématopoïétiques spécialisées, principalement les cellules dendritiques plasmacytoïdes (CDP), produisent des niveaux élevés d'IFN-I en réponse à des infections virales (Colonna et al., 2004). D'une manière intéressante, les CDP peuvent déclencher la production de l'IFN-I en réponse à des éléments d'agents pathogènes sans qu'il y ait besoin d'infection, car ils utilisent des voies de signalisation uniques couplées aux PRR pour l'induction de l'IFN-I (Cao and Liu, 2007; Colonna et al., 2004). Les niveaux élevés d'IFN-I produit par les CDP induisent leur maturation, et surtout, agissent de façon paracrine pour induire un état antiviral et activer d'autres types cellulaires impliqués dans la réponse immunitaire innée et adaptative (Garcia-Sastre and Biron, 2006).

2. L'IFN-γ

L'IFN-γ, quant à lui, est secrété par les cellules T et les cellules NK (natural killer) en réponse aux antigènes ou aux mitogènes (Pestka et al., 2004; Pfeffer et al., 1998). Généralement, la production d'IFN dépend du stimulus et de la nature de la cellule stimulée.

3. L'IFN-λ

L'expression de l'IFN-λ a été détectée à des niveaux faibles dans le sang humain, le cerveau, les poumons, les ovaires, le pancréas, l'hypophyse, le placenta, la prostate, et les testicules (Sheppard et al., 2003). IFN-λ, comme les IFN-I, peut être induit dans différentes lignées cellulaires et dans les cellules primaires par l'ARN db ou suite à une infection virale (Pestka et al., 2004). Le virus respiratoire syncytial induit l'expression d'IFN-λ dans les macrophages dérivés de monocytes (Spann et al., 2004) et dans les cellules dendritiques dérivées de monocytes MD-DC (monocyte-derived dendritic cells) (Chi et al., 2006). L'ARNm de l'IFN-λ est co-exprimé avec celui de l'IFN-α et l'IFN-β dans les cellules infectées par un virus (Kotenko et al., 2003; Sheppard et al., 2003). Bien que théoriquement, n'importe quel type de cellules puisse, suite à une infection virale, exprimer l'IFN-λ, les PBMC (peripheral blood mononuclear cell) et MD-DC semblent être les meilleurs producteurs d'IFN-λ (Kotenko et al., 2003; Sheppard et al., 2003; Wolk et al., 2008).

Induction de l'expression de l'interféron de type I suite à l'infection virale.

L'invasion virale de la cellule hôte engendre une réponse immunitaire avec ses deux composantes innée et adaptative. L'immunité innée implique l'induction de l'IFN-I qui constitue la première ligne de défense antivirale (Gerlier and Lyles, 2011; Randall and Goodbourn, 2008). Il existe différentes voies d'induction de l'expression de l'IFN selon le senseur activé par le pathogène (Figure 1).

Le système immunitaire doit faire face à une énorme diversité d'infections. En effet, les virus varient énormément en termes de taille, de structure, et de composition en acides nucléiques (ARN sb, ARN db ou ADN). Par ailleurs, au cours de l'infection, les virions ont tendance à se localiser dans des compartiments intracellulaires distincts, y compris les endosomes, le cytosol et le noyau. De ce fait, le système immunitaire inné détecte les virus grâce à des récepteurs cellulaires de reconnaissance des microbes, les PRR (pattern recognition receptors), qui reconnaissent les caractéristiques moléculaires communes aux agents pathogènes MAMP (microbe-associated molecular patterns) (Takeuchi and Akira, 2007a). Initialement découverts chez la drosophile (Lemaitre et al., 1996), les TLR (toll-like receptors) sont les premiers et les mieux caractérisés des PRR impliqués dans la reconnaissance des virus (Kawai and Akira, 2010; Pichlmair and Reis e Sousa, 2007). La diversité des PRR antiviraux identifiés permet la reconnaissance de MAMP viraux différents. Par ailleurs, la présence de différents PRR dans différents compartiments cellulaires, permet la détection virale à de multiples emplacements. Enfin, les PRR antiviraux utilisent diverses voies de signalisation pour induire la synthèse d'IFN-I ou des cytokines inflammatoires, permettant une flexibilité de réponses antivirales. Dans cette partie, nous décrirons les PRR et leur implication dans l'induction de l'expression d'IFN-I.

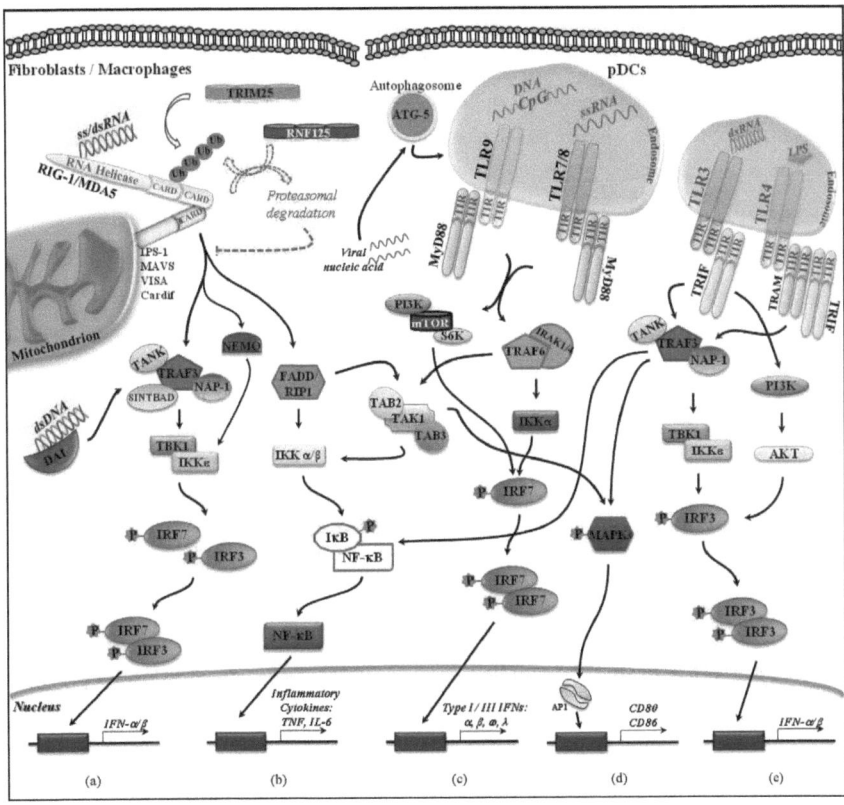

Figure 1. Détection endosomiale et cytosolique de l'acide nucléique viral. La reconnaissance endosomiale d'acide nucléique viral via TLR7, 9/MyD88 conduit à l'activation de la voie de signalisation TRAF6/IKKα / IRF7, qui culmine dans la production d'IFN-I et d'IFN-III. TLR7, 9/MyD88 conduit également à l'activation de la voie PI3K/mTOR/S6K suivie par la production d'IFNα/β (c). La reconnaissance virale par TLR3/TRIF est suivie par l'engagement des molécules TRAF3/NAP1 ou TANK-TBK1/IKKε et l'activation ultérieur d'IRF3. IRF3 transloque dans le noyau et active la transcription des gènes d'IFN-I. L'activation d'IRF3 exige également PI3K/Akt (e). La reconnaissance virale par les TLR dans les endosomes est dépendante de l'autophagie. La détection cytosolique de l'ARN viral par RIG-1/MDA5 est suivie par l'interaction de leurs domaines CARD avec ceux de la protéine adaptatrice IPS-1 (MAVS, VISA ou Cardif). Par la suite, l'activation de la voie TRAF3/NAP-1-TBK1/IKKε conduit à l'activation d'IRF3/7 et la régulation de l'expression du gène des IFN-I. Les domaines CARD sont ubiquitinés par la ligase E3 TRIM25 afin de transduire les signaux en aval et la production d'IFN. En revanche, le signal de terminaison requiert l'ubiquitination de RIG-1 par la ligase E3 RNF125, ce qui conduit à sa dégradation par le protéasome (a). La voie TRAF3/NAP-1-TBK1/IKKε est également activée suite à la reconnaissance de l'ADN cytosolique par le senseur DAI. La transmission du signal en aval d'IPS-1 permet de recruter également FADD/RIP1 et IKKα/β afin de médier l'activation de NF-κB (b) et les voies MAPK (d). Bien que n'étant pas associé à la reconnaissance virale, TLR4 peut également médier la production d'IFN-I à partir du compartiment endosomial. (D'après Bonjardim et al., 2009)

1. Les TLR: senseurs de l'infection virale

Les TLR sont des protéines transmembranaires qui se composent d'un domaine LRR (leucine-rich repeats), responsable de la détection du pathogène et d'un domaine cytoplasmique TIR (toll / interleukin-1 receptor homology) impliqué dans la transduction du signal (Takeuchi and Akira, 2007b). Les TLR impliqués principalement dans les réponses antivirales sont notamment TLR2, TLR3, TLR7, TLR8, et TLR9. Alors que TLR2 est exprimé à la surface cellulaire et détecte l'hémagglutinine virale et d'autres constituants inconnus du virus (Barbalat et al., 2009; Boehme et al., 2006), TLR3, TLR7, TLR8, et TLR9 quant à eux détectent les acides nucléiques viraux dans les endosomes (figure 2) (Blasius et al., 2010; Kawai and Akira, 2010; Thompson and Iwasaki, 2008). Lors de l'infection virale, les récepteurs TLR sont transportés par le réticulum endoplasmique (RE) vers un compartiment spécialisé de l'endosome grâce à une protéine qui se trouve liée au RE, l'UNC93B1 (Brinkmann et al., 2007; Tabeta et al., 2006). Les acides nucléiques viraux passent dans les endosomes contenant les TLR suite à la phagocytose des virions ou à l'apoptose des cellules infectées par un virus. Par ailleurs, certains virus sont assemblés dans les endosomes lors de la réplication virale.

2. Voie des senseurs intracellulaires

L'expression restreinte des TLR sur certains types de cellules et leur localisation dans les endosomes ou à la surface cellulaire ne leur permet pas de jouer le rôle de senseurs intracellulaire d'une infection précoce. Les RLR (retinoic acid inducible gene I (RIG-I)-like receptors) sont des senseurs viraux cytosoliques (figure 2). Il existe trois membres connus dans la famille RLR : RIG-I et MDA5 (melanoma differentiation associated gene 5), et LGP2 (laboratory of genetics and physiology-2) (Takeuchi and Akira, 2007c; Yoneyama and Fujita, 2009). Il existe une étonnante spécificité dans la reconnaissance des ARN par ces hélicases. RIG-I serait plutôt impliqué dans la reconnaissance des ARN issus de virus à ARN négatif (comme le virus de la grippe, les paramyxovirus et les rhabdovirus), mais aussi du virus de l'encéphalite japonaise, (flavivirus à ARN positif) tandis que MDA5 serait responsable de la production d'IFN lors de l'infection par les picornavirus comme EMCV ou le virus de Theiler (figure 2). De plus, bien que l'ARN db transcrit in vitro et transfecté dans les fibroblastes de souris (MEF) soit reconnu par RIG-I, le poly I:C semble surtout être reconnu par MDA5 (Kato et al., 2006). On ne connaît pas la base de cette sélectivité. Une récente étude indique que RIG-I peut aussi détecter certains virus à ADN dont le génome est riche en séquences AT (Ablasser et al., 2009; Chiu et al., 2009).

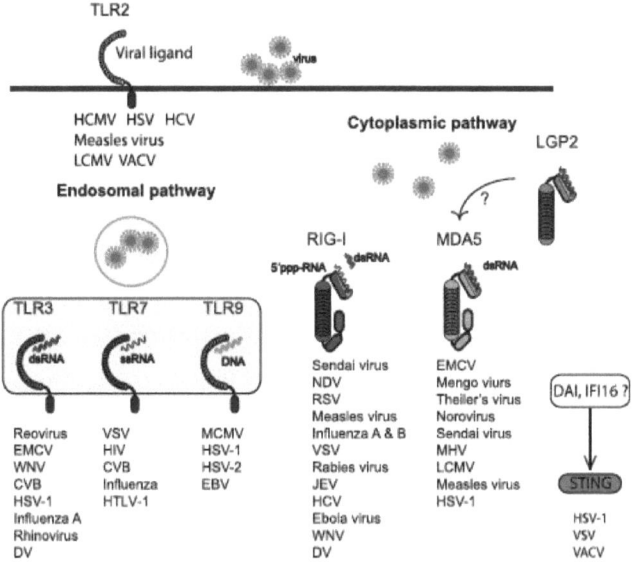

Figure 2. Diversité et spécificité des senseurs viraux. De multiples capteurs viraux détectent les virus. Les expériences de perte de fonction ont révélé la spécificité des capteurs viraux dans de nombreuses infections virales. TLR2 est exprimé à la surface cellulaire et détecte l'HCMV, l'HSV-1, l'HCV, le virus de la rougeole, le LCMV, et le VACV (Boehme et al., 2006), (Barbalat et al., 2009). TLR3, TLR7 et TLR9 sont situés dans les endosomes. TLR3 reconnaît l'ARN et l'ADN des virus tels que le réovirus (Alexopoulou et al., 2001), l'EMCV (Hardarson et al., 2007), le VNO (Wang et al., 2004), (Daffis et al., 2008), le HSV-1 (Zhang et al., 2007), l'influenza A (Le Goffic et al., 2006), le CVB (Richer et al., 2009), le rhinovirus (Slater et al., 2010), et le VD (Nasirudeen et al., 2011). TLR7 reconnaît les virus à ARN sb comme le VIH (Beignon et al., 2005), le virus de la grippe (Heil et al., 2004), le VSV (Lund et al., 2004), le CVB (Wang et al., 2007), le VRS (Colisson et al., 2010), le HTLV-1 (Colisson et al., 2010), et le VHM (Cervantes-Barragan et al., 2007). TLR9 reconnaît les virus à ADN tels que le MCMV (Krug et al., 2004), le HSV-1 (Krug et al., 2004), le HSV-2 (Lund et al., 2003), et l'EBV (Fiola et al., 2010). RIG-I et MDA5 captent les virus à ARN réplicant dans le cytosol. RIG-I reconnaît une série de virus à ARN sb, y compris des paramyxovirus tels que le virus de Sendai (Kato et al., 2006), le NDV (Kato et al., 2006), RSV (Yoboua et al., 2010), et le virus de la rougeole (Ikegame et al., 2010), les orthomyxovirus; influenza A et B (Kato et al., 2006), les rhabdovirus VSV (Kato et al., 2006), le virus de la rage (Hornung et al., 2006), les flavivirus HCV (Loo et al., 2006), le WNV (Fredericksen and Gale, 2006), DV (Nasirudeen et al., 2011), l'EJV (Kato et al., 2006), les filovirus virus Ebola (Cardenas et al., 2006). MDA5 détecte les picornavirus tels que l'EMCV, le Mengo virus et le virus de Theiler (Gitlin et al., 2006; Kato et al., 2006, Gitlin et al., 2006), ainsi que les calicivirus, comme les norovirus (McCartney et al., 2008). MDA5 reconnaît le virus de Sendai (Gitlin et al., 2010), DV (Nasirudeen et al., 2011), MHV (Roth-Cross et al., 2008), LCMV (Zhou et al., 2010), le virus de la rougeole (Ikegame et al., 2010), et le HSV-1 (Melchjorsen et al., 2010). Les senseurs d'ADN comme DAI et IFI16 reconnaissent les virus à ADN cytosolique de manière STING dépendante (Ishikawa and Barber, 2008; Ishikawa et al., 2009; Takaoka et al., 2007; Unterholzner et al.; Wang et al., 2008; Zhong et al., 2008). STING est aussi impliqué dans la reconnaissance des virus à ARN tels que VSV. (D'après Wang et al)

Abréviations: HCMV: cytomégalovirus humain ; HSV-1: virus herpès simplex 1 ; HCV: virus de l'hépatite C, VACV: virus de la vaccine ; VRS: virus respiratoire syncytial; VNO: virus du Nil occidental; CVB: coxsackievirus B; VD: virus de la dengue; VIH: virus de l'immunodéficience humaine; VSV: virus de la stomatite vésiculaire; HTLV-1: virus de la leucémie humaine à cellules T; VHM: virus de l'hépatite murine; MCMV: cytomégalovirus de la souris; EBV: Epstein-Barr; NDV: virus de la maladie de Newcastle; RSV: Virus respiratoire syncytial; EJV: virus de l'encéphalite japonaise; HSV-1: le virus herpes-simplex de type 1; STING: stimulator of interferon genes.

RIG-I et MDA5 possèdent deux domaines CARD (caspase recruiting domain) à leur extrémité N-terminale, ce qui permet leur interaction avec une molécule comportant un domaine similaire nommée MAVS (mitochondrial antiviral signaling) et identifiée simultanément par plusieurs groupes sous les noms de VISA, IPS1 ou CARDIF (figure 3) (Meylan et al., 2005; Xu et al., 2005). L'interaction de RIG-I ou MDA5 avec MAVS permet d'activer la voie classique de synthèse d'IFN passant par les kinases IKKe et TBK1 et menant à l'activation d'IRF3 et/ou IRF7 (Figure 4). Par l'intermédiaire d'adaptateurs comme FADD et RIP1, MAVS contribue aussi à activer la voie NF-κB (figure 4). La découverte de la localisation mitochondriale de MAVS ouvre de nouvelles pistes de réflexion en établissant un lien entre mitochondrie et production d'IFN.

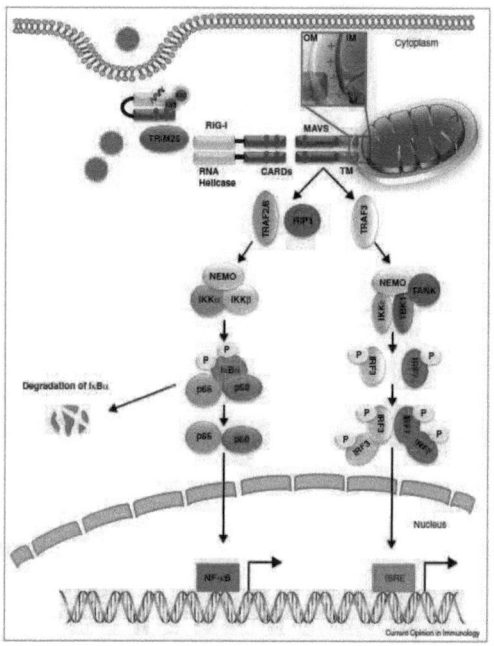

Figure 4. Représentation schématique de la voie de signalisation de RIG-I. Suite à la détection de l'ARN viral intracellulaire, RIG-I perd sa conformation fermée et subit un dépliement suivi d'ubiquitination de son domaine CARD par TRIM25. Ceci permettra sa dimérisation et son interaction avec l'adaptateur MAVS se trouvant associée à la membrane mitochondriale externe. MAVS dimérise et recrute des protéines adaptatrices qui activent les facteurs de transcription NF-κB, IRF3 et IRF-7. L'induction de NF-κB se fait via le recrutement de TRAF2 / 6 et RIP1, suivie par l'activation du complexe IKK. Une fois activé, IKK phosphoryle l'inhibiteur de NF-κB (IκBα), entraînant sa dégradation par le protéasome, la libération et la translocation du dimère de NF-κB actif dans le noyau. D'un autre côté, suite à l'activation de RIG-I, TRAF3 interagit avec MAVS ce qui permet le recrutement du complexe TANK/NEMO/IKKe/TBK1 suivie par la phosphorylation et la dimérisation d'IRF3 et d'IRF-7 et leur translocation vers le noyau. Les dimeres ainsi formés se lient aux séquences ISRE au niveau des promoteurs des gènes régulés par l'IFN. (D'après Belgnaoui et al, 2011)

3. Autres senseurs viraux

La présence d'ADN viral dans le cytosol conduit également à la production d'IFN-I grâce à des capteurs d'ADN cytoplasmique (Barber., 2011; Takeuchi and Akira., 2010). DAI (DNA dependent activator of IFN-regulatory factor) connu aussi sous le nom de ZBP1 ou DLM, est la première protéine liant l'ADN et capable d'engendrer une réponse à la présence d'ADN dans le cytoplasme (Takaoka et al., 2007; Wang et al., 2008). Cependant, le rôle de DAI dans la détection de l'ADN est hautement spécifique du type cellulaire, et les souris déficientes pour le gène *DAI* répondent normalement aux vaccins à base d'ADN (Ishii et al., 2008; Lippmann et al., 2008; Wang et al., 2008). Ces données suggèrent que DAI n'est pas le seul responsable de la reconnaissance de l'ADN. IFI16, membre de la famille des protéines PYHIN (protéines constituées d'un domaine pyrine-PYD- et de domaines HIN-200) détecte *in cellulo* de l'ADN db peu riche en nucléotides AT comme l'ADN du VACV (Unterholzner et al., 2010). L'importance physiologique de IFI16 n'est pas claire car son rôle dans la réponse antivirale *in vivo* n'est pas prouvé. La protéine STING (stimulator of interferon genes) se trouve associée au reticulum endoplasmique (RE) et est nécessaire à la détection de l'ADN cytoplasmique (Ishikawa and Barber., 2008; Ishikawa et al., 2009; Zhong et al., 2008). HSV-1 et la bactérie *Listeria monocytogenes* sont incapables d'induire la synthèse de l'IFN-I dans les CD déplétées pour STING. De plus, les souris invalidées pour ce gène ne survivent pas à l'infection par HSV-1 en raison de l'abolition de la réponse IFN-I et sont extrêmement sensibles à l'infection par VSV, qui est normalement détecté par RIG-I, suggérant que STING est également impliquée dans la signalisation de RIG-I (Ishikawa and Barber, 2008; Ishikawa et al., 2009). Compte tenu de la proximité entre les mitochondries et le RE, STING participe à la transduction du signal sous RIG-I à travers son interaction avec IPS-1 (interferon-β promoter stimulator 1) (Barber, 2011). Une autre protéine semble aussi avoir un rôle de senseur des acides nucléiques. Il s'agit de la protéine HMGB1 (high mobility group box). En effet, dans les cellules ne possédant pas HMGB1, la production d'IFN-I est altérée en réponse à la poly I:C et à l'ADN cytoplasmique (Yanai et al., 2009).

Mécanismes d'action des interférons

Suite à une invasion virale de l'organisme, la réponse IFN sera la première ligne de défense immunitaire (Gerlier and Lyles, 2011; Higgins and Mills., 2010; Pang and Iwasaki., 2012). Ce phénomène peut être simplifié et schématisé de la manière suivante (figure 5). Grâce à des senseurs cytoplasmiques et membranaires (voir partie précédente), une cellule peut percevoir la présence d'un virus dans son propre cytoplasme ou dans l'espace intercellulaire. Suite à une infection virale, la cellule produit et sécrète les IFN (généralement de type I) qui peuvent alerter les cellules voisines en se fixant sur un récepteur de surface. Ainsi la transcription d'une série d'ISG (interferon stimulated gene) est induite dans ces cellules et conduit à l'expression de protéines qui sont médiatrices des effets biologiques de l'IFN. De plus, la fixation de l'IFN-I au récepteur spécifique (IFNAR) peut induire différentes voies de signalisation dans la cellule. Ainsi, les réponses biologiques attribuées à l'IFN doivent être interprétées comme un résultat de la modulation de diverses voies de signalisation qui interfèrent entre elles afin de fournir à l'hôte la réponse la plus adéquate que ce soit pour stopper les infections microbiennes, inhiber la prolifération cellulaire et/ou moduler le système immunitaire et les réactions inflammatoires (Colina et al., 2008; Rothlin et al., 2007; Yoshimura et al., 2007). Il est d'une importance capitale qu'il y ait un contrôle strict sur la durée et l'ampleur de ces réponses aux IFN, faute de quoi l'hôte est menacé de développer des immunopathologies (Banchereau and Pascual, 2006; Coelho et al., 2008).

Dans cette partie, nous présenterons les principales voies de signalisation activées par les IFN qui sont parfois chevauchantes dans la cascade d'activation et aussi dans leurs effets biologiques.

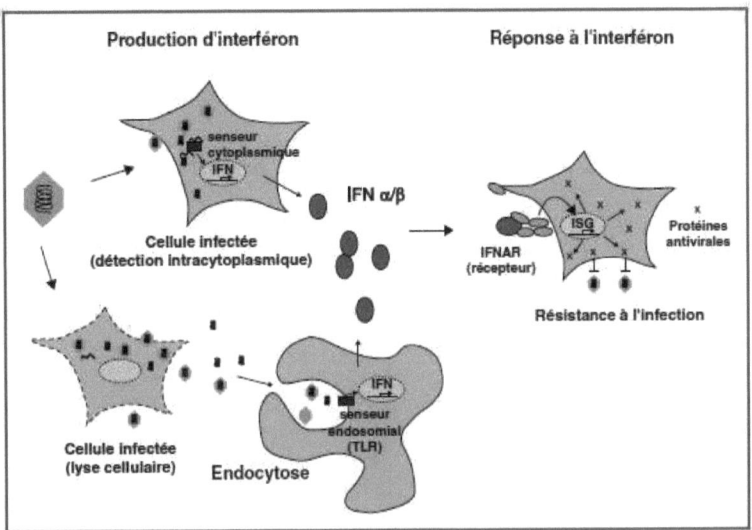

Figure 5. Schéma général de la réponse IFN. Une cellule peut percevoir la présence d'une invasion virale, soit à travers les senseurs viraux intracytoplasmiques de la présence de l'ARN db produit au cours de la réplication des virus, soit via certains récepteurs TLR endosomiaux qui s'activent suite à la liaison de ligands extracellulaires. Cette détection témoigne de l'infection d'une cellule voisine (particules virales, acides nucléiques relargués par une cellule infectée...). L'activation de ces senseurs induit la production et la sécrétion de l'IFN. La liaison de l'IFN à son récepteur membranaire de la cellule productrice ou les cellules voisines active une voie de transduction du signal qui aboutit à l'activation de la transcription de plus de 200 gènes (ISG) qui codent notamment pour une série de protéines dont certaines protègent la cellule de l'infection. (D'après Delhaye et al., 2006)

1. La voie JAK/STAT

La principale voie induite par l'IFN est la voie JAK (janus activated kinase)/STAT (signal transducer and activator of transcription) (Platanias., 2005), (Stark et al., 1998). Cette voie de signalisation a été découverte en 1994 par Darnell JE et ses collaborateurs (Darnell et al., 1994). D'autres cytokines, hormones ou de facteurs de croissance, fonctionnent sur le même principe de transmission du signal en induisant la voie Jak/Stat.

Les IFN-I et -II activent différemment la voie Jak/Stat. En effet, après fixation des IFN-I sur leur récepteur, les kinases Jak1 et Tyk2 sont activées et phosphorylent des protéines appartenant à la famille des STAT (signal transducers and activators of transcription), Stat1 et Stat2 majoritairement. Une fois activées par phosphorylation, ces dernières forment avec la protéine IRF9 (interferon regulatory factor) le complexe ISGF3 (IFN stimulating gene factor

3). ISGF3 migre vers le noyau, se fixe sur une séquence d'ADN consensus ISRE (interferon-stimulated response element) GAAAN (N) GAAA, présente dans les promoteurs des gènes induits par les IFN-I pour activer leur transcription. Quant à l'IFN-γ, une fois fixé sur son récepteur, les kinases Jak1 et Jak2 sont activées par autophosphorylation et phosphorylent la protéine Stat1 qui s'homodimérise, migre vers le noyau, se fixe sur une séquence GAS (gamma activation site), dont la séquence consensus est -TTNCNNNAA- et active la transcription des gènes répondant à l'IFN-II (figure 6). Ces deux voies de transduction se chevauchent, ce qui explique les différentes synergies obtenues après traitement par les différents types d'IFN. En effet, sous l'action de l'IFN-I, Stat1 et Stat3 sont phosphorylés et forment des complexes Stat1-Stat1, Stat1-Stat3 et Stat3-Stat3 qui se lient à la séquence GAS. Bien qu'ils se fixent sur des récepteurs différents, les IFN-III (IFNλ1, IFNλ2 et IFNλ3) activent le même signal de transduction que celui induit par l'IFN-I (figure 4) (Uze and Monneron., 2007).

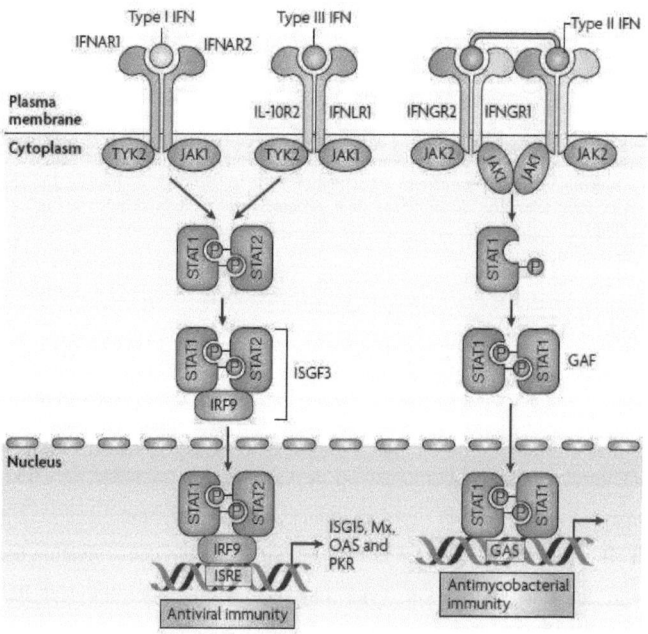

Figure 6. Voie de signalisation JAK/STAT induite par l'interféron. (D'après Sadler and Williams., 2008)

Régulation négative de la voie Jak/Stat

La réponse cellulaire à l'IFN est transitoire car sa persistance pourrait être néfaste pour la cellule. La régulation négative des voies de signalisation induite en réponse aux IFN est essentielle pour revenir à un état basal. A ce jour, trois voies régulant négativement l'activation des Jak/Stat en réponse à l'IFN ont été mises en évidence (Espert et al., 2005b) i.e. les phosphatases SHP1 et SHP2 (SH2 containing phosphatases), la famille des protéines SOCS (suppressor of cytokine signaling) et la famille des protéines PIAS (protein inhibitor of activated stat).

2. La voie des MAPK dans la signalisation de l'IFN

Classées en trois groupes, ERK (extracellular signal regulated kinase), p38 et JNK (JUN amino-terminal kinase), les MAPK (mitogen activated protein kinase) sont des sérine/thréonine kinases qui induisent des signaux impliqués dans plusieurs processus de croissance, de différentiation, et de mort cellulaire (Krishna and Narang, 2008). La voie de signalisation des MAPK consiste en une cascade d'activation par phosphorylation (figure 7). L'IFN active principalement la voie des MAPK dépendante de la p38. En effet, l'isoforme p38α est phosphorylée par l'IFN-I dans plusieurs lignées cellulaires (Goh et al., 1999; Uddin et al., 2000). De plus, l'inhibition de p38 par des inhibiteurs ou par mutation empêche la transcription de gènes induits par l'IFN-α (Uddin et al., 2000; Uddin et al., 1999). Cette signalisation par l'IFN est indépendante des STAT (Li et al., 2004). En revanche, contrairement aux IFN-I, la transcription des gènes induits par l'IFN-γ n'est pas perturbée lorsque la p38α est inhibée (Li et al., 2004). La voie de la p38 joue un rôle important dans les propriétés antiprolifératives et antivirales de l'IFN-I (Platanias, 2005). De plus, la voie ERK peut aussi être induite par les IFN-I et l'IFN-γ (David et al., 1995; Hu et al., 2001).

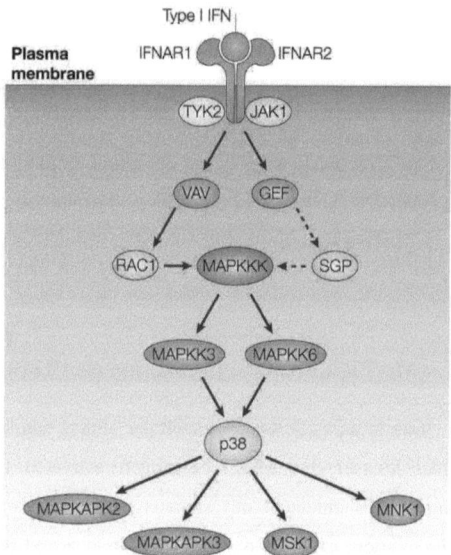

Figure 7. Mécanisme d'activation de la MAPK p38 par l'IFN. Une fois activée suite à la fixation de l'IFN-I sur son récepteur, JAK active par phosphorylation VAV ou d'autre GEF (guanine-nucléotide-exchange factor). Ceci permettra l'activation de RAC1 (Ras-related C3 botulinum toxin substrate 1) et d'autres petites protéines G lesquelles vont pouvoir réguler la voie de signalisation de la MAPK p38. Ainsi, MAPKKK sera activé et active à son tour MAPK kinase MAPKK3 et MAPKK6, qui phosphorylent directement p38 et l'activent par conséquent. P38 activée pourrait ainsi réguler l'activation de plusieurs effecteurs en aval y compris MAPKAPK2 (MAPK-activated protein kinase 2), MAPKAPK3, MSK1 (mitogen- and stress-activated kinase 1) et MNK1 (MAPK-interacting protein kinase 1). IFNAR1, type I IFN receptor subunit 1; IFNAR2, type I IFN receptor subunit 2; TYK2, tyrosine kinase 2. (D'après Platanias., 2005)

3. La voie de la PI3K dans la signalisation de l'IFN

La voie de signalisation PI3K (phosphatidylinositol 3-kinase) est impliquée à la fois dans la régulation de l'expression des gènes des IFN-I et -II (Uddin et al., 1995), (Nguyen et al., 2001a). L'activation de la PI3K par l'IFN-γ va entrainer la phosphorylation de STAT-1 sur la sérine 727 suivie de la régulation de l'expression de ses gènes cibles (Nguyen et al., 2001a). La stimulation par l'IFN-I ou l'IFN-II entraîne l'activation de la sérine kinase PKC-δ qui va agir comme un effecteur en aval de la PI3K et phosphoryle Stat-1 sur la sérine 727 (figure 8) (Deb et al., 2003; Uddin et al., 2002). L'activation de cette voie semble être associée à la régulation de l'apoptose par l'intermédiaire de Stat-1 (DeVries et al., 2004). De plus, en réponse soit à l'IFN-I ou l'IFN-II, une autre cible en aval de la PI3K peut être aussi activée. Il s'agit de l'enzyme mTOR (mammalian target of rapamycin) qui constitue un régulateur clé de l'initiation de la traduction de l'ARNm (Lekmine et al., 2004; Lekmine et al., 2003). L'activation de MTOR en réponse à l'IFN, va avoir comme conséquence l'activation de la p70-S6 kinase (p70-S6K) et la phosphorylation de la protéine ribosomique S6. Cela indique qu'il s'agit d'une voie médiée par l'IFN pour la régulation de la traduction et la synthèse des protéines (Hay and Sonenberg., 2004). L'activation de mTOR et/ou de p70-S6K par l'IFN est bloquée suite à l'inhibition de la PI3K par un agent pharmacologique (Lekmine et al., 2004; Lekmine et al., 2003).

Figure 8. Activation de la voie de la PI3K par l'IFNγ
(D'après Platanias., 2005)

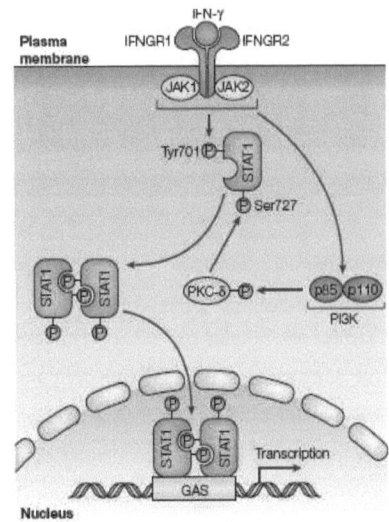

Activités antivirales des interférons

Les effets antiviraux des IFN sont médiés par plusieurs protéines dont les gènes sont induits par l'IFN lui-même. Ces protéines peuvent agir à différents niveaux du cycle viral. Dans cette partie, nous décrirons les effecteurs les plus étudiés, impliqués dans la réponse antivirale aux IFN tels que les protéines PKR, Mx, 2'5' OAS, ISG2O, ISG15. Le pouvoir antiviral de la protéine PML sera analysé principalement dans la discussion.

1. Les GTPases Mx

La famille des GTPases Mx, comprend MxA et MxB chez l'homme et Mx1 et Mx2 chez la souris. Les Mx ont été d'abord identifiées comme des protéines possédant une activité antivirale. En effet, la sensibilité de plusieurs souris consanguines à l'orthomyxovirus est uniquement due à des mutations au sein du locus du gène *Mx* sur le chromosome 16 (Haller et al., 1979; Lindenmann, 1962; Lindenmann, 1964). Les protéines Mx chez l'homme et Mx2 chez la souris sont cytoplasmiques, alors que Mx1 de souris se trouve associée dans le noyau aux corps nucléaires PML (Chelbi-Alix et al., 1995). Cette distribution différentielle chez la souris semble permettre à chaque protéine de cibler des virus qui se répliquent dans des compartiments cellulaires différents (Haller et al., 1995). Cependant, chez l'homme, seule MxA possède des activités antivirales, et elle cible autant les virus dont la réplication se fasse dans le noyau ou dans le cytoplasme.

Les protéines Mx confèrent la résistance à plusieurs virus appartenant à différentes familles, telles que l'orthomyxovirus, le rhabdovirus, le togavirus et le bunyavirus. MxA inhibe tous les genres infectieux de la famille des Bunyaviridae (orthobunyavirus, hantavirus, phlebovirus et le virus Dugbe) (Andersson et al., 2004). D'autres virus tels que le coxsackievirus B (de la famille des picornaviridae) et l'hépatite B (HBV; de la famille des hepadnaviridae) sont également sensibles à l'activité antivirale de MxA (Chieux et al., 2001; Gordien et al., 2001). Les protéines Mx sont exprimées par plusieurs types de cellules dans les tissus périphériques, notamment les hépatocytes, les cellules endothéliales et immunitaires, y compris les cellules sanguines mononucléaires périphériques (PBMC), les cellules dendritiques plasmacytoïdes (CDP) et les cellules myéloïdes (Fernandez et al., 1999). La structure de Mx comprend un large domaine GTPase du côté N-terminal, suivi d'un domaine central d'interaction (CID) et d'un domaine C-terminal LZ (leucine zipper). Les deux domaines CID et LZ sont nécessaires pour reconnaître des structures cibles de la particule virale. En raison de son emplacement à proximité du réticulum endoplasmique lisse, la protéine Mx peut être impliquée dans les événements d'exocytose et le trafic vésiculaire pour piéger les composants viraux essentiels à la réplication du virus empêchent ainsi la multiplication virale à un stade précoce (figure 9) (Accola et al., 2002). Ainsi, MxA et Mx1 s'associent à la polymérase du virus de la grippe pour bloquer la transcription des gènes viraux (Turan et al., 2004).

Depuis la découverte de l'activité antivirale de Mx contre les virus influenza de la souris (Lindenmann, 1964) et le clonage du gène Mx (Staeheli P, Haller O 1986), le mécanisme de cette activité est resté obscur. L'élucidation de la structure de MxA et l'identification du mécanisme d'oligomérisation fournissent un cadre de compréhension de sa fonction antivirale {Gao, #4534}(Gao, S., immunity 2011). L'oligomérisation se ferait autour de la structure nucléocapsidique du virus et les changements conformationnels liés à la liaison et/ou à l'hydrolyse de GTP conduiraient à la désintégration des nucléocapsides virales.

A

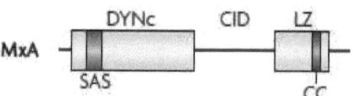

B

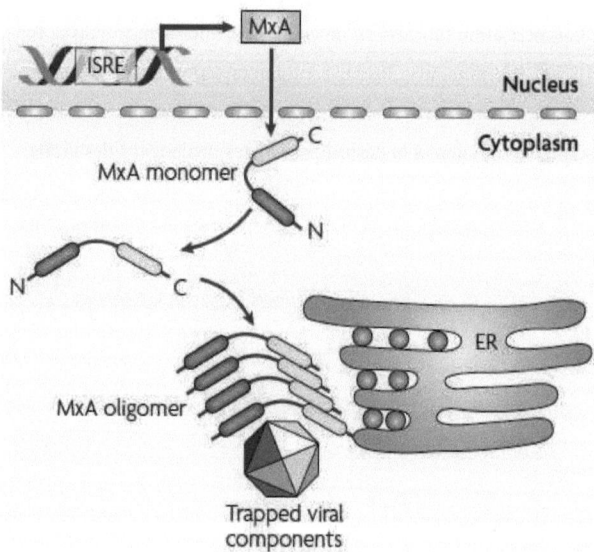

Figure 9. Structure (A) et mécanisme d'action de MxA. (A) Les caractéristiques marquantes de la famille des GTPases Mx sont les grands domaines de liaison au GTP (DYNc) qui contiennent trois éléments consensus de liaison de liaison au GTP (non indiqués) et une séquence d'auto-assemblage (SAS), le domaine central d'interaction (CID), et la région C-terminale leucine zipper (LZ). La région LZ contient un domaine coiled-coiled en C-terminal qui forme des faisceaux d'hélices alpha impliquées dans les interactions protéines-protéines. (B) Suite à une stimulation par l'IFN, le gène de MxA (myxovirus-resistance A) est induit par l'intermédiaire de la séquence ISRE située au niveau de son promoteur. MxA s'accumule dans le cytoplasme au niveau des membranes intracellulaires tel que le réticulum endoplasmique sous forme d'oligomères formés par l'association entre les domaines LZ et CID. Suite à une infection virale, les monomères de MxA sont libérés pour lier les nucléocapsides virales ou d'autres composants du virus, pour les piéger et les dégrader. (D'après Sadler and Williams., 2008)

2. La voie de l'OAS/RNase L

La voie oligoadénylate synthétase (OAS)-RNase L est une voie multi-enzymatique (figure 10) dans laquelle les 2-5A synthétases sont stimulées par d'ARN db, souvent d'origine virale, pour produire une série de courts fragments 2',5'-oligoadénylates (2-5A) capables d'activer une endoribonucléase constitutive, la RNase L (Cirino et al., 1997; Kerr and Brown, 1978). L'activation de cette voie mène à de multiples clivages de l'ARN sb (Carroll et al., 1996; Floyd-Smith et al., 1981; Wreschner et al., 1981). Il existe différents gènes codant pour les 2-5A synthétases donnant lieu à des protéines de poids moléculaires variables (40, 46, 67, 69, 71 et 100 kDa). Ces enzymes sont localisées dans différents compartiments cellulaires (Chebath et al., 1987a; Ghosh et al., 1991; Marie and Hovanessian, 1992; Rutherford et al., 1991). Les 2-5A lient le monomère de la RNase L qui se trouve à l'état inactif, et induisent la formation de l'homodimère qui constitue l'enzyme active capable de médier la dégradation des ARN viraux et cellulaires (figure 10) (Cole et al., 1997; Cole et al., 1996; Dong and Silverman, 1995). Comme l'OAS est constitutivement exprimée à faible niveau dans la cellule, elle peut agir comme un récepteur pour la détection d'ARN db viral dans le cytoplasme (Hoenen et al., 2007). Dégradés par la RNase L, les fragments d'ARN ainsi formés peuvent activer des PRR cytoplasmiques, comme RIG-I et MDA5, conduisant à l'induction de l'expression de l'IFN-I. Ceci explique le fait que les cellules déficientes pour RNase L montrent une diminution de la production d'IFN-β due à une réduction de signalisation à travers ces PRR (Malathi et al., 2007).

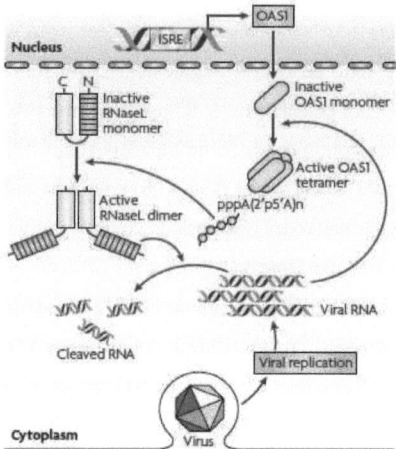

Figure 10. La voie antivirale de l'OAS–RNaseL. L'OAS est exprimée faiblement de manière constitutive mais son expression est induite par l'IFN-I. L'OAS s'accumule dans le cytoplasme de la cellule sous forme monomérique inactive. Une fois activée par de l'ARN db viral, l'enzyme s'oligomérise pour former un tétramère qui synthétise les 2'5'A qui à leur tour activent la RNase constitutive. La liaison du 2'5'A à la RNase L permet la dimérisation des monomères de l'enzyme par l'intermédiaire de son domaine KL (kinase like) et ceci est crucial pour que la RNase L dégrade les ARN cellulaires et viraux. (D'après Sadler and Williams., 2008)

3. PKR

PKR appartient à une petite famille de protéines kinases impliquées dans la régulation de la synthèse protéique en réponse aux stress. C'est une sérine-thréonine kinase qui phosphoryle EIF2α (eukaryotic initiation factor 2) au niveau du résidu sérine 51 bloquant ainsi l'initiation de la traduction (figure 11) (Roberts et al., 1976). PKR est exprimée de façon constitutive dans tous les tissus à un niveau bas et est induite par l'IFN-I et -III (Ank et al., 2006). Dans les circonstances normales, PKR est maintenue sous forme d'un monomère inactif, par encombrement stérique du domaine kinase par son extrémité N-terminale (Gelev et al., 2006; Nanduri et al., 2000). Cette répression est libérée par la fixation de l'ARN viral, qui provoquera un changement de conformation permettant la liaison de l'ATP au domaine kinase au niveau de l'extrémité C-terminale de la PKR. Le domaine kinase est constitué de deux lobes qui régulent séparément les interactions entre les monomères de PKR et le substrat (EIF2). L'enzyme active de PKR est constituée d'un homodimère, avec les sites actifs de l'enzyme orientés vers l'extérieur (Dar et al., 2005).

Différents ARN activent directement PKR grâce aux deux motifs de liaison à l'ARN (RBM) situés à son extrémité N-terminale. Tous les RBM qui ont été testés lient l'ARN db indépendamment de sa séquence. En conséquence, PKR, d'une manière semblable à la voie de l'OAS-RNase L, fonctionne comme un PRR. Bien qu'il a été démontré que les RBM peuvent lier seulement 16 paires de bases d'ARN, des fragments d'ARN plus longs sont nécessaires pour engager à la fois les RBM dans PKR et de l'activer (Nanduri et al., 1998). Par conséquent, l'ARN db composé de plus de 30 paires de base active PKR d'une manière plus efficace. En outre, les ARN sb contenant une extrémité 5'-triphosphate sont également capables d'activer PKR (Nallagatla et al., 2007). Ceci permet à cette kinase de cibler spécifiquement les ARN viraux puisque les transcrits cellulaires sont principalement 5'-monophosphate. Le rôle de la PKR dans la réponse antivirale a été étudié dans les modèles de souris invalidées pour le gène *PKR*. Ces souris ont une réponse antivirale altérée et ont une sensibilité plus forte vis à vis de virus à ARN (VSV, le virus de la grippe, le virus de l'hépatite D, le virus du Nil occidental, le VIH-1, le virus Sindbis, l'EMCV et le virus de la fièvre aphteuse) et de certains virus à ADN tel que HSV-1 (Pour Revue: Sadler and Williams., 2008).

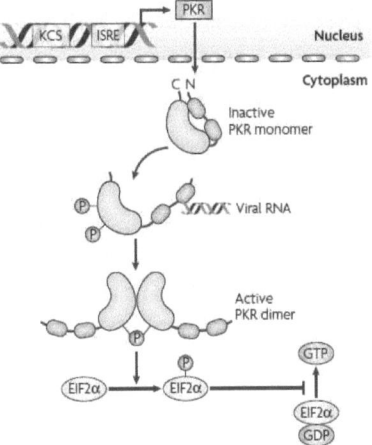

Figure 11. Mécanisme d'action de la PKR. PKR est exprimée d'une manière constitutive dans la cellule et son expression est aussi induite par l'IFN-I sous le contrôle des séquences KCS (kinase conserved sequence) et ISRE présentes dans son promoteur. La kinase s'accumule dans le noyau et le cytoplasme sous forme inactive. Son activation a lieu quand elle lie l'ARN viral et d'autres ligands, tels que la céramide et la protéine PACT (protein activator of the IFN-inducible protein kinase). Une fois active, le monomère de PKR est phosphorylé et se dimérise pour former l'enzyme active. Cette dernière régule plusieurs voies de signalisation par un mécanisme qui n'est pas totalement exploré. Cependant, la fonction cruciale de PKR dans la défense antivirale est l'inhibition de la traduction par phosphorylation du facteur d'initiation de la traduction EIF2. (D'après Sadler and Williams., 2008)

4. ISG15

ISG15 fait partie des protéines les plus importantes induites lors de l'infection virale et de la réponse antivirale à l'IFN-I qui en découle. Bien que le gène *ISG15* ait été cloné il y a plus de 20 ans (Blomstrom et al., 1986), la fonction antivirale du produit de ce gène n'a été établi que bien plus tard. L'ISG15 a été identifiée peu après la découverte de l'ubiquitine, et a été immédiatement reconnue comme une homologue à cette dernière (Loeb and Haas, 1992). La modification post-traductionnelle par ISG15 suit la même réaction que l'ubiquitination et la sumoylation. Elle met en jeu trois enzymes (E1 : enzyme d'activation, E2 : enzyme de conjugaison et E3 : ligase). UBE1L (ubiquitin activating enzyme E1 like-protein) est une enzyme d'activation spécifique d'ISG15 (Yuan and Krug, 2001). UBCH6 (ou UBE2E1) et UBCH8 (ou UBE2L6) interviennent dans la conjugaison d'ISG15 aux protéines cibles (Takeuchi et al., 2005; Zhao et al., 2004). Enfin, HERC5 (homologous to the E6-associated protein C terminus (HECT) domain and RCC1-like domain containing protein 5) et TRIM25, sont deux enzymes capables de lier ISG15 à son substrat spécifique, à travers leurs domaines respectifs HECT et RING (really interesting new gene) (Wong et al., 2006; Zou and Zhang, 2006). Toutes les enzymes identifiées dans la voie de l'ISGylation sont induites par les IFN-I (figure 12). Comme avec l'ubiquitination ou encore la SUMOylation, l'ISGylation est un phénomène réversible et plusieurs enzymes ont été identifiées pour catalyser l'hydrolyse d'ISG15 (déISGylation), y compris USP18 (ubiquitin specific protease 18), USP2, USP5, USP13 et USP14 (Catic et al., 2007; Malakhov et al., 2002). Au moins 158 cibles potentielles d'ISG15 ont été identifiées (Giannakopoulos et al., 2005; Takeuchi et al., 2006a; Zhao et al., 2005). Beaucoup de ces protéines cibles jouent un rôle important dans la réponse à l'IFN-I soit dans la signalisation, par exemple Jak1, Stat1, les PRR et RIG-1, soit sur les effecteurs antiviraux comme MxA, PKR et RNaseL (Zhao et al., 2005). Contrairement à l'ubiquitination, l'ISGylation ne conduit pas les protéines à la dégradation, mais elle favorise plutôt leur activation. Par ailleurs, ISG15 empêche la dégradation d'IRF-3 médiée par l'infection virale augmentant ainsi la production de l'IFN-β (Lu et al., 2006). De même l'ISGylation permet de moduler la fonction des enzymes, par exemple, elle modifie l'affinité du facteur d'initiation de la traduction EIF4E2 pour la structure coiffée en 5' de l'ARN (Okumura et al., 2007). Inversement, la conjugaison de l'ISG15 à la protéine phosphatase 1B (PPM1B) éteint l'activité de cette enzyme, améliorant ainsi le signal médié par NF-kB (Takeuchi et al., 2006b). En plus de son rôle intracellulaire, ISG15 est aussi sécrétée en grande quantité pour agir comme une cytokine en modulant la réponse immunitaire (D'Cunha et al., 1996). Le mécanisme par lequel ISG15 exerce ses fonctions extracellulaires n'est pas résolu. L'ubiquitine est également sécrétée par les cellules et a des effets immunomodulateurs qui ne sont pas encore élucidés (Majetschak et al., 2003), bien qu'elle soit impliquée dans l'ubiquitination extracellulaire, comme le suggère l'analyse des protéines de surface des spermatozoïdes lors de la maturation post-testiculaire (Sakai et al., 2003). Il est donc possible qu'ISG15 sécrétée puisse participer à l'ISGylation extracellulaire. Conformément à sa désignation comme une protéine antivirale, les souris invalidées pour le gène *ISG15* ont une sensibilité accrue à l'infection par plusieurs virus, y compris le virus de la grippe A et B, le virus Sindbis, HSV-1 et γ-herpesvirus murin (Lenschow et al., 2005; Osiak et al., 2005). En outre, l'expression recombinante d'ISG15 dans des souris déficientes pour le récepteur d'IFN-I (IFNAR1-/-) protège de la mort induite par le virus Sindbis (Lenschow et al., 2005). Cette protection nécessite la séquence LRLRGG située à l'extrémité C-terminale d'ISG15 (Lenschow et al., 2007). L'inhibition de l'enzyme de deISGylation USP18 chez la souris augmente sa résistance à l'infection virale, notamment envers le VSV. D'autres expériences *ex vivo* montrent également un rôle pour ISG15 dans la résistance au virus Ebola, à travers l'ISGylation de l'E3 ubiquitine ligase Nedd4 (neural precursor cell expressed, developmentally downregulated 4), ce qui bloque son activité et empêche la sortie des virions de la cellule infectée (Malakhova and Zhang, 2008). De la même manière, ISG15 joue un rôle dans l'inhibition du HIV (Okumura et al., 2006). L'activité antivirale d'ISG15 a été aussi identifiée en partie par le fait que des protéines virales ciblent certaines étapes de l'ISGylation. C'est le cas de la protéine NS1 de l'influenza B qui lie ISG15 à son extrémité N-terminale et bloque par conséquent le processus d'ISGylation dans la cellule (Yuan and Krug, 2001). C'est le cas également des enzymes contenant le domaine OTU (ovarian tumor) qui ont une activité cystéine protéase. En effet, ces protéines sont capables de déconjuguer ISG15 de son substrat abrogeant ainsi son activité antivirale contre plusieurs virus. Les protéases PLpro (papain-like proteases) sont aussi capables de déISGyler les protéines cibles (Arguello and Hiscott., 2007; Frias-Staheli et al., 2007; Lenschow., 2010; Lindner, 2007). Toutes ces données montrent qu'ISG15 intervient dans la réponse immunitaire à l'IFN par la modification de protéines de l'hôte ou du virus empêchant ainsi sa multiplication.

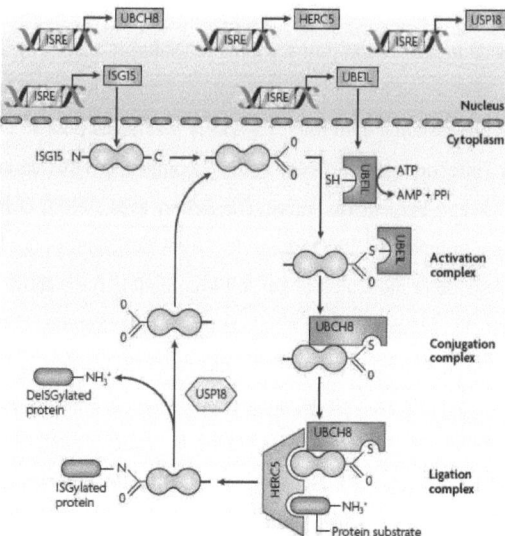

Figure 12. Mécanisme d'action d'ISG15. L'expression d'ISG15, de l'enzyme d'activation UBE1L (E1), de plusieurs enzymes de conjugaison telle que UBCH8 (E2), et des ligases telle que HERC5 (E3) sont toutes induites par l'IFN-I via la séquence ISRE présente dans leur promoteur. E1, E2 et E3 catalysent d'une manière séquentielle, la conjugaison d'ISG15 à de nombreuses protéines cibles pour moduler la réponse cellulaire afin d'inhiber la production virale. L'ISGylation est réversiblement régulée par des protéases telles que USP18 dont l'expression est induite par l'IFN. (D'après Sadler and Williams., 2008)

5. ISG20

La protéine ISG20 (IFN-stimulated gene product of 20 kDa) est directement induite par l'IFN-I et -II ainsi que par l'ARN db via le site NFκB (Espert et al., 2004; Gongora et al., 2000). Elle est localisée dans le cytoplasme et dans le noyau où elle est retrouvée dans les nucléoles et les corps de Cajal (Espert et al., 2006). ISG20 possède in vitro une activité exonucléase 3'→5', spécifique de substrats simple brin à extrémité 3' libre, et possède des propriétés antivirales contre certains virus à ARN (Espert et al., 2003; Nguyen et al., 2001b). En effet, des cellules qui surexpriment cette protéine sont moins sensibles à l'infection par l'EMCV, l'influenza, le VSV (Espert et al., 2003) et le HIV1 (Espert et al., 2003; Espert et al., 2005a). De telles propriétés antivirales semblent être associées à la fonction exonucléase de la protéine puisque des mutants d'ISG20 dans un des trois domaines " exonucléases " n'ont plus de propriété antivirale et présentent même un effet dominant négatif sur l'activité de la protéine endogène (Espert et al., 2003; Espert et al., 2004). ISG20 pourrait aussi agir indirectement sur des facteurs cellulaires requis pour la réplication virale ou la transcription. A ce jour, l'identification des cibles d'ARN cellulaire de ISG20 représente un enjeu important pour la compréhension des mécanismes d'actions antiviraux de cette protéine (Degols et al., 2007).

II. Rôle des protéines de la famille TRIM/RBCC dans la régulation de la réponse antivirale

Les protéines TRIM (tripartite motif) sont caractérisées par la présence dans leurs extrémités N-terminal d'un motif TRIM/RBCC. Ce motif hautement conservé est composé d'un domaine RING suivi d'un ou de deux boîtes B et d'un domaine coiled-coil. Les protéines TRIM sont impliquées dans plusieurs processus biologiques tels que la différenciation cellulaire, la régulation transcriptionnelle, l'apoptose et la signalisation cellulaire (Munir., 2010; Nisole et al., 2005; Ozato et al., 2008). La famille des TRIM est composée d'environ soixante-dix protéines chez l'homme et d'environ quarante protéines chez la souris. Cependant dans la mouche et le ver, le nombre de ces protéines ne dépasse pas la vingtaine ce qui suggère une évolution importante de ces protéines (Sardiello et al., 2008). Du fait de leur implication dans plusieurs fonctions cellulaires, certaines TRIM agissent comme des ubiquitines ligases, des SUMO ligases ou encore des gènes induits par l'IFN (Meroni and Diez-Roux, 2005).

Structure et expression des protéines de la famille TRIM

Les protéines TRIM possèdent en commun la même extrémité N-terminale composée par le motif RBCC mais elles ont des extrémités C-terminales différentes. Cette différence structurale a pour conséquence des localisations et des fonctions cellulaires distinctes. Le domaine « RING finger » est un motif à doigts de zinc présent dans différentes protéines, il est impliqué dans les interactions protéine-protéine et il est connu comme responsable de l'activité E3 ligase (Meroni and Diez-Roux, 2005). Ce domaine est suivi d'un ou de deux boîtes B (B boxes) qui sont aussi des motifs à doigts de zinc. Des mutations au sein de ces domaines ont pour conséquence des anomalies de développement. Ces motifs sont impliqués dans la reconnaissance virale par certaines protéines TRIM (Li and Sodroski, 2008; Li et al., 2007b). Ces boîtes B n'étant pas présentes dans d'autres protéines, elles sont considérées comme le déterminant majeur de la famille des protéines TRIM (Sardiello et al., 2008). Le domaine « coiled-coil », dont la structure en hélice a été déterminée par bioinformatique, est identique dans beaucoup de protéines. Cette structure à hélice est importante dans les interactions protéine-protéine permettant au TRIM de former des structures de haut poids moléculaires qui seraient capitales pour accomplir de leurs fonctions.

De plus, la région « coiled-coil » pourrait former avec les boites B des sites de fixation au substrat pendant l'activité E3-ligase de certaines TRIM (Meroni and Diez-Roux, 2005). Sur la base des différences structurales au niveau des extrémités C-terminales, les protéines TRIM peuvent être subdivisées en 11 sous-groupes (figure 13) (Ozato et al., 2008). Vu que le motif RBCC est très hautement conservé, les différences fonctionnelles entre les protéines de cette famille sont majoritairement liées aux différences de leur extrémité C-terminale. Les TRIM ont des domaines PRY ou SPRY B30.2 qui est la fusion des deux premiers (Ozato et al., 2008; Sardiello et al., 2008; Short and Cox, 2006). D'autres domaines sont aussi présents tels que le domaine fibronectine type 3 (FN3), plant homeodomain (PHD), boite COS et le promo-domaine (PR) (figure 13). Le rôle fonctionnel de ces différentes séquences n'est pas complètement élucidé, néanmoins il semble qu'elles facilitent les interactions protéine-protéine (Meroni and Diez-Roux., 2005; Ozato et al., 2008).

Les TRIM présentent différents modes d'expression et sont présentes dans différents tissus. Leur localisation cellulaire peut être nucléaire ou cytoplasmique. Cependant, elles ne se trouvent pas associées aux structures cellulaires classiques comme l'appareil de golgi, les endosomes ou les mitochondries, mais elles sont responsables de la formation d'autres structures subcellulaires (Reymond et al., 2001; Short and Cox., 2006). L'exemple le plus frappant est celui des corps nucléaires PML dont le principal composant est la protéine PML connue aussi sous le nom de TRIM19 (Everett and Chelbi-Alix., 2007; Geoffroy and Chelbi-Alix., 2011; Van Damme et al., 2010). Les corps nucléaires PML sont des structures multi-protéiques dont PML est l'organisatrice et qui sont impliqués dans des processus biologiques incluant la régulation de la transcription, la différenciation, la stabilité du génome, l'apoptose, la sénescence et la défense antivirale (Bernardi and Pandolfi, 2007; Everett and Chelbi-Alix, 2007; Geoffroy and Chelbi-Alix., 2011).

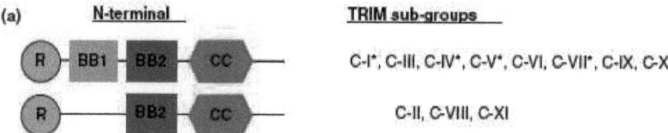

Figure 13. Structure des protéines TRIM. Structure schématique des protéines de la famille TRIM. (a) Organisation de la région N-terminale des protéines TRIM. La majorité des sous-groupes de TRIM présentent le domaine Ring ®, deux boîtes B (BB1 et BB2) et un domaine coiled-coiled (CC). Aucun membre des sous-groupes 2,8 et 11 n'a de BB1.Certains membres de ces sous-groupes n'ont pas tous les domains en N-terminal, la première boîte B étant la plus communément absente. (b) domaines en C-terminal présentés par les sous-groupes TRIM. ARF (ADP ribosylation factor-like), BR, bromodomaine, COS, (C-terminal subgroup one signature), FIL (filamin-type immunoglobulin), FN3, fibronectin type3, MATH (Meprin and tumour –necrosis factor receptor-associated factor homology), PHD (plant homeodomain), TM (transmembrane). (D'après McNab et al., 2011)

Rôle des protéines TRIM dans la restriction virale

L'implication des TRIM dans la réponse immunitaire innée est maintenant devenue une évidence. Diverses études ont montré qu'un bon nombre de protéines TRIM possèdent des propriétés antivirales ce qui mène à penser que les TRIM ont évolué comme une famille de facteurs de restriction virale (Nisole et al., 2005; Ozato et al., 2008). En effet, le criblage de l'activité antirétrovirale de 36 TRIM chez l'homme et de 19 TRIM chez la souris a révélé qu'environ 20 TRIM ont une fonction antivirale et que cette activité peut cibler différentes étapes de la réplication du virus. (Uchil et al., 2008), telles que l'entrée, la transcription et le relargage viral (Nisole et al., 2005). D'une manière intéressante, TRIM11 et TRIM30 favorisent l'entrée du virus de la leucémie murine (MLV) par inhibition de l'activité de TRIM5, ce qui révèle un nouveau rôle des TRIM dans la régulation d'autres protéines de cette même famille (Uchil et al., 2008). Dans plusieurs cas, l'activité E3 Ubiquitine-ligase et/ou la présence du domaine B30.2 au niveau de l'extrémité C-terminale des protéines TRIM est essentielle à leur activité antivirale (Li et al., 2007a; Li et al., 2007b; Uchil et al., 2008). De plus, les TRIM ayant un effet antiviral sont présentes de manière constitutive dans la cellule ou peuvent être induites par l'IFN. Il faut noter aussi qu'à l'exception de PML/TRIM19 (Bonilla et al., 2002), il n'y a pas de données sur l'activité antivirale *in vivo* des autres TRIM. Dans cette partie, nous mettrons l'accent sur l'activité antivirale de quelques protéines de la famille TRIM telles que TRIM22 et TRIM5α. L'activité antivirale de PML/TRIM19 sera décrite dans les résultats et la discussion.

1. TRIM22

Par criblage différentiel de librairies d'ADNc issues de cellules lymphoblastiques Daudi, traitées et non-traitées par l'IFN de type I, un nouvel ADNc baptisé Staf50 a été isolé (Tissot and Mechti., 1995; Tissot et al., 1996). Induit par les IFN-I et -II, le produit de ce gène est aujourd'hui appelé TRIM22. La protéine TRIM22a est récemment définie comme un facteur de restriction virale (Zhang et al., 2006). TRIM22 possède une activité antivirale contre l'EMCV et le virus de l'hépatite B (HBV) (Eldin et al., 2009; Gao et al., 2009). Ces travaux présentent deux nouveaux mécanismes par lesquels TRIM22 inhibe ces virus. Le premier mécanisme cible la protéase 3Cpro de l'EMCV qui est cruciale pour la maturation des protéines virales et son ubiquitination, probablement pour être dégradée par le protéasome (Eldin et al., 2009). Le second mécanisme inhibe le promoteur du CORE de l'HBV, lequel est nécessaire à la synthèse de l'ARN viral pré-génomique (Gao et al., 2009). L'inhibition de l'EMCV et du HBV par TRIM22 nécessite à la fois son activité E3 Ubiquitine ligase, et son extrémité C-terminale (pour revue McNab et al., 2011). De plus, TRIM22 inhibe le VIH-1 via l'inhibition de la transcription de sa région LTR (long terminal repeat) (Tissot and Mechti, 1995). Suite au traitement à l'IFN-I, TRIM22 inhibe la production des nouveaux virions du VIH par interférence avec le trafic des protéines virales GAG vers la membrane plasmique (Barr et al., 2008). Ceci nécessite le domaine RING de TRIM22, ce qui suggère que son activité E3 ubiquitine ligase est importante. Ce travail montre que TRIM22 est un médiateur clé de la réponse antivirale à l'IFN de type I contre le VIH-1.

2. TRIM5α

En 2004, le criblage d'une librairie de cDNA de singe rhésus a identifié TRIM5α comme un des facteurs antiviraux cellulaires (Stremlau et al., 2004). Les TRIM5α inhibent les virus selon leur origine : les TRIM5α du singe rhésus et du singe cynomolgus inhibent HIV-1 mais non SIVmac, les TRIM5α du singe vert d'afrique inhibent HIV-1 et SIVmac, les TRIM5α inhibent peu HIV-1 mais fortement le N-MLV (Miyamoto T, 2011). La cible de TRIM5α est les capsides multimérisées. Chez l'homme, les singes rhésus et les singes verts africains possèdent des spécificités différentes de restriction mais qui se chevauchent. Toutes les variantes de TRIM5 inhibent l'infection par au moins deux rétrovirus tandis que la TRIM5 du singe vert africain est capable d'inhiber quatre rétrovirus divergents des humains, des primates non humains et d'origine murine. Cependant chaque TRIM5 variante est incapable de restreindre les rétrovirus isolés de la même espèce. Précédemment décrite comme Lv1 (lentivirus susceptibilité factor 1) ou Ref1 (resistance factor 1), TRIM5α a été identifiée comme facteur possédant des activités anti-rétrovirales spécifiques d'espèce. En effet, le tropisme des rétrovirus qui dépend de la protéine de la capside, CA, pour les cellules des primates, est largement gouverné par les variations inter-espèces de TRIM5α. De plus, le facteur de restriction Ref1, qui détermine la sensibilité différentielle des cellules humaines vis-à-vis du MLV (murine leukemia virus) N-tropique et B-tropique, est lui-même une TRIM5 et représente le facteur Fv1 (friend virus susceptibility factor 1) chez la souris (Bieniasz., 2003). En effet, Fv1 confère la résistance au MLV N-tropique et B-tropique par l'intermédiaire du produit de l'allèle $Fv1^a$ et l'allèle $Fv1^n$, respectivement. Le mécanisme d'action de ce facteur de restriction contre le virus MLV n'est pas bien connu. Cependant, les cellules dérivant d'autres espèces de mammifères non murines sont capables de résister à l'infection par le virus N-MLV, alors qu'elles ne possèdent pas le gène de Fv1. La plupart des cellules humaines primaires et immortalisées expriment le facteur de résistance Ref1 qui présente une inhibition spécifique de N-MLV. D'une manière surprenante, la position au niveau de la protéine de la capside CA110 détermine également la sensibilité à Ref1 (Towers et al., 2000). Ces données montrent que TRIM5 est présente sous plusieurs variantes qui agissent d'une manière spécifique à l'espèce et que Fv1, Lv1 et Ref1 sont des variantes de la protéine TRIM 5 (Hatziioannou et al., 2004).

L'activité anti-VIH de TRIM5α nécessite le domaine RING présent dans le motif RBCC et le domaine SPRY présent dans l'extrémité C-terminale. Des travaux récents ont aussi élucidé le rôle des boîtes B dans le pouvoir antiviral de TRIM5α (Diaz-Griffero et al., 2009).

TRIM5α humaine possède aussi un effet antiviral vis à vis du VIH mais qui est moins important que celui du singe rhésus (Zhang et al., 2010). Ceci peut être dû à une mutation dans le domaine SPRY de la protéine (Li et al., 2006). De plus, le niveau d'expression ainsi que les polymorphismes de TRIM5 chez l'homme influencent la susceptibilité à l'infection par le VIH-1, ce qui suggère un rôle physiologique pour cette protéine dans la restriction des rétrovirus (Zhang et al., 2010). Récemment, un intérêt particulier s'est porté sur une forme non usuelle de TRIM5 des singe hibou et macaque à queue de cochon chez lesquels TRIM5 se trouve fusionnée à la cyclophiline A par le remplacement de l'extrémité de TRIM5 par la cyclophiline A. Chez le singe hibou, cette protéine de fusion possède un effet antiviral vis-à-vis du VIH plus fort que celui de TRIM5 courant (Sayah et al., 2004).

La production par ingénierie moléculaire de la protéine de fusion TRIM5-Cyclophiline (Neagu et al., 2009) a permis de montrer que contrairement à TRIM5α humaine, cette protéine chimère est plus efficace dans la restriction du VIH-1 que TRIM5α du singe rhésus ; elle pourrait de ce fait avoir un potentiel thérapeutique non négligeable.

Ces données montrent que TRIM5 peut conférer aux primates l'immunité innée pour un ensemble de rétrovirus et pourrait être une importante barrière naturelle à la transmission inter-espèces des rétrovirus.

3. TRIM21

TRIM21 (aussi connu sous le nom Ro52) a été d'abord décrite comme un auto-antigène dans le lupus érythémateux disséminé et le syndrome de Sjögren (Ben-Chetrit et al., 1990). TRIM21 peut agir comme un récepteur d'anticorps cytosolique chez les mammifères (Keeble et al., 2008). Ces anticorps sont connus pour être sécrétés dans le milieu extracellulaire du fait que les mammifères ont conservé un récepteur pour les IgG à l'intérieur de la cellule. C'est un nouveau mécanisme par lequel TRIM21 cytosolique pourrait intervenir grâce à des anticorps pour la neutralisation du virus dans la cellule. L'infection des lignées cellulaires par l'adénovirus revêtu d'anticorps a montré que la protéine TRIM21 se lie à ce revêtement d'anticorps et conduit le virus vers une dégradation par le protéasome. Ce processus nécessite l'activité E3 ubiquitine ligase de TRIM21.

Ces résultats révèlent un mécanisme potentiellement important de neutralisation virale, Cependant, ces résultats doivent être vérifiés à la fois dans des cellules primaires et *in vivo* (Mallery et al., 2010).

Expression des TRIM et régulation par l'IFN

Bien qu'il existe des données montrant l'induction de l'expression de certaines protéines TRIM telles que TRIM19/PML, TRIM22/STAF50 (stimulated trans-acting factor), (Tissot and Mechti., 1995), TRIM34/RNF21 (RING finger protein 21), (Orimo et al., 2000), ou encore TRIM8 (Toniato et al., 2002) par l'IFN, des analyses systématiques des profils d'expression de plusieurs *TRIM* chez l'homme et la souris ont révélé que l'expression d'un grand nombre est augmentée par l'IFN. De plus, chez la souris, l'expression de plusieurs TRIM dépend de l'induction de leurs gènes par l'IFN-1 (Carthagena et al., 2009; Rajsbaum et al., 2008).

L'analyse par PCR de 29 gènes TRIM de souris dans les cellules T, les macrophages et les cellules dendritiques a permis d'identifier un grand nombre de gènes TRIM qui sont fortement exprimés dans les macrophages et les cellules dendritiques (CD) myéloïdes en réponse à une infection grippale ou à une stimulation par un agoniste aux TLR (toll like receptor) (Rajsbaum et al., 2008). L'expression de ces TRIM dans les macrophages et les CD myéloïdes est fortement dépendante de la signalisation induite par l'IFN de type I. Fait intéressant, les CD plasmacytoïdes, les principaux producteurs d'IFN-α, expriment d'une manière constitutive un groupe de TRIM dont l'expression n'est pas affectée par la stimulation, ce qui pourrait suggérer un rôle unique pour les TRIM dans ce type cellulaire (Rajsbaum et al., 2008). Les TRIM dans des lymphocytes humains du sang périphérique et les macrophages dérivés de monocytes (MDM), sont également sensibles à l'IFN de type I. Quarante-cinq des 72 TRIM sont détectables *ex vivo* à partir de lymphocytes du sang ou de MDM non stimulées. Parmi elles, 27 sont sensibles aux IFN-I (Carthagena et al., 2009). Prises collectivement, ces études illustrent l'association étroite des TRIM à l'immunité innée.

III. PML et les corps nucléaires PML

1. Découverte de PML

Le gène *PML* a été découvert dans la leucémie aiguë promyélocytaire (LAP) où il fusionné au gène du récepteur de l'acide rétinoïque alpha (*RARα*). Cette fusion est le résultat d'une translocation réciproque t(15;17) conduisant à l'expression d'une protéine chimère PML-RARα qui bloque la différentiation des cellules au stade promyélocytaire (de The et al., 1990; Kakizuka et al., 1991).

Dans les cellules normales, PML forme des points dans le noyau appelés corps nucléaires (CN) PML. Ces structures sont plus au moins visibles en fonction de la lignée cellulaire examinée. Dans les cellules issues de patients atteints de la LAP, ces structures sont dispersées en petits points dans le nucléoplasme hors des CN PML, comme conséquence de l'expression de la protéine PML-RARα (Dyck et al., 1994; Weis et al., 1994).

Le traitement des patients atteints de LAP par l'ATRA (all-trans retinoic acid) ou par l'arsenic (As_2O_3) induit leur rémission et entraine la dégradation de la protéine PML-RARα, ce qui permet la reformation des CN (Zhu et al., 1999; Zhu et al., 1997). Ceci laisse supposer que la réorganisation des CN par l'expression de PML-RARα est à l'origine de la maladie et que la protéine PML possède des propriétés anti-proliférative et anti-cancéreuse (Bernardi et al., 2008; Mu et al., 1994). Plusieurs travaux ont montré que PML et les CN PML sont impliqués dans plusieurs fonctions cellulaires telles que la réparation de l'ADN, la sénescence, l'apoptose ou encore la défense antivirale (Bernardi and Pandolfi, 2007; Everett et al., 2006; Geoffroy and Chelbi-Alix., 2011; Salomoni and Pandolfi, 2002). PML est l'organisatrice des CN PML, qui sont des petites structures nucléaires existant dans les cellules de la plupart des mammifères (Ishov et al., 1999). Ils apparaissent sous forme de points en immunofluorescence et sous forme de sphères creuses en microscopie électronique (Puvion-Dutilleul et al., 1995b). Ces structures sont aussi connues sous le nom de ND10 pour (nuclear domain 10), PML oncogenic domain, et les C-Kr (pour corps kruppel). La taille des CN PML varie entre 0.2 et 1 mm et leur nombre entre 1 et 30 par cellule. La composition des CN PML change durant le cycle cellulaire. En effet, les CN PML subissent un réarrangement dramatique durant la mitose (Everett et al., 1999; Geoffroy and Chelbi-Alix., 2011). Les CN sont des structures multi-protéiques dont PML est l'organisatrice. Au sein de ces structures,

PML recrute des protéines de façon permanente (SUMO, Sp100 et Daxx) et de façon transitoire plus d'une centaine de protéines.

2. Structure de PML et isoformes

Connue aussi sous le nom de TRIM19, PML est une phosphoprotéine qui appartient à la famille des protéines TRIM. Son extrémité N-terminale contient le motif RBCC/TRIM composé par un domaine RING (C4HC3), deux boîtes B riches en cystéine/histidine et un domaine « coiled-coil » (Jensen et al., 2001) (figure 14). Le RING se trouvant associé à UBC9, qui est une enzyme de conjugaison (E2) de SUMO (small ubiquitin modifier) aux protéines cibles, on a pu suggérer que PML puisse être impliquée dans la modification protéique par SUMO (Duprez et al., 1999). Les deux boîtes B sont impliquées dans les interactions protéine-protéine et la région « coiled-coil » est nécessaire à la multimérisation de PML et son hétérodimérisation avec PML-RARα. L'intégrité du motif RBCC est nécessaire à la localisation de PML sur les CN. En outre, ce motif contient des résidus importants pour la régulation de PML, dont deux résidus lysine (K65 et K160), situés dans le RING et dans la boîte B1. Ces deux résidus sont critiques pour la sumoylation de PML (Ishov et al., 1999) et la formation des CN. Le gène *PML* se compose de 9 exons dont les trois premiers codent pour le motif RBCC. L'épissage alternatif des autres exons (4-9) conduit à l'expression de différentes isoformes de PML (figure 14). Ces isoformes sont classées en 7 groupes, désignées par PMLI à PMLVII. Elles possèdent la même extrémité N-terminale comportant le motif RBCC mais diffèrent dans leurs extrémités C-terminale (Jensen et al., 2001). Plusieurs motifs ont été identifiés dans la partie C-terminale de PML: un signal de localisation nucléaire (NLS) (trouvé dans PMLI-VI à la position 476 à 490), un signal d'exclusion nucléaire (NES) (qui se trouve uniquement dans PMLI à la position 704 à 713) (Henderson and Eleftheriou, 2000) et un motif SIM (sumo-interacting motif) présent uniquement dans PMLI-V à la position 508 à 511) (Shen et al., 2006; Stehmeier and Muller, 2009). PMLI a une distribution à la fois nucléaire et cytoplasmique, ce qui est cohérent avec la présence d'un NES au niveau de la séquence de cette isoforme (Condemine et al., 2006). Le motif NLS contient un site de sumoylation à la position 490, qui est essentiel pour la localisation nucléaire de PML (Kamitani et al., 1998a). PMLVI qui ne contient pas le SIM, forme des CN dans les cellules invalidées pour le gène *PML* (Brand et al., 2010), montrant que le SIM de PML n'est pas essentiel à la formation de ces structures. Par contre, le SIM de PML médie les interactions non covalentes avec d'autres protéines sumoylées et permet leur recrutement dans les CN PML (Shen et al., 2006; Stehmeier and Muller, 2009).

La variabilité de la partie C-terminale des différentes isoformes de PML est importante pour le recrutement de protéines partenaires spécifiques et donc pour leurs fonctions. Par exemple, PMLIV possède un site de liaison à p53 qui est nécessaire pour l'induction de l'apoptose par cette isoforme spécifique (Fogal et al., 2000).

Une autre classification en 3 sous-groupes, nommés a, b et c, représente les isoformes PML sans l'exon 5, les exons 5 et 6, ou les exons 4, 5 et 6, respectivement. Les variantes b et c sont susceptibles d'être cytoplasmiques car elles n'ont pas le NLS comme observé pour PMLVII. Les six isoformes nucléaires de PML sont toutes capables de former des CN dans les cellules *PML-/-* (Brand et al., 2010), mais il devient de plus en plus clair que chaque isoforme peut avoir une fonction spécifique. Les études impliquant PML dans l'apoptose et la sénescence ont été effectuées avec PMLIV, alors que celles impliquant PML dans la défense antivirale ont été réalisées avec PMLIII, IV ou VI. De plus, l'expression endogène des isoformes de PML est différente selon la lignée cellulaire; PMLIII, PMLIV et PMLV sont quantitativement les isoformes mineures par rapport à PMLI et PMLII (Condemine et al., 2006). Paradoxalement, très peu d'études ont été réalisées avec PMLI et PMLII. De fait, la détermination des fonctions biologiques spécifiques de chacune des isoformes reste à faire et la question de savoir si certaines d'entre elles sont partagées par plusieurs isoformes reste ouverte.

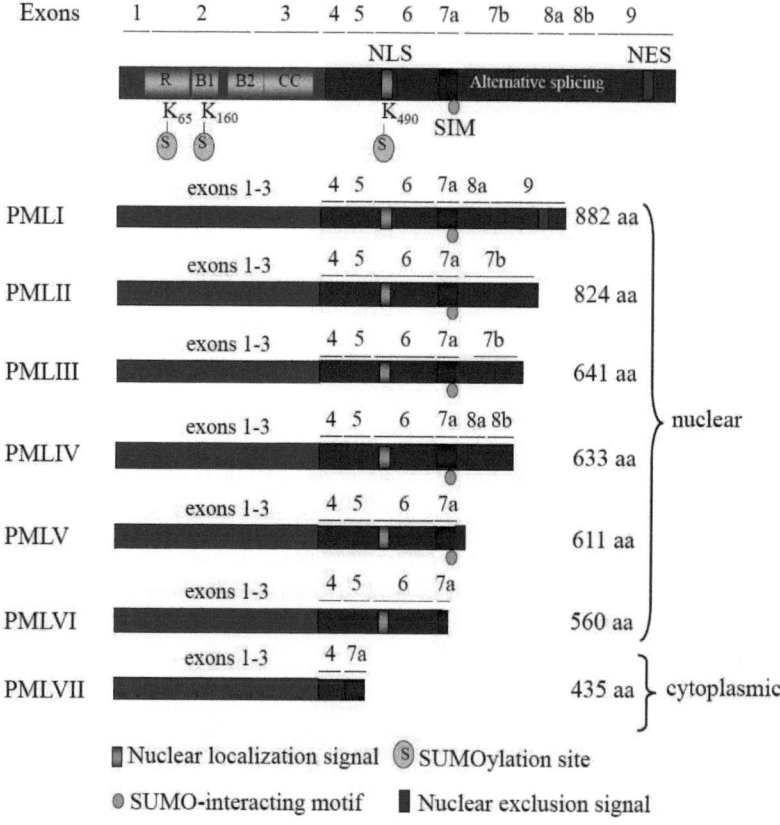

Figure 14. Structure et isoformes de PML. Toutes les isoformes de PML partagent les 3 premiers exons, incluant le motif RBCC (R), deux boites B (B1 et B2), et la région coil-coil (CC). De PMLI à PMLVII, ces isoformes diffèrent dans leurs extrémités C-terminales en raison d'un épissage alternatif des exons 4 à 9. PML, promyelocytic leukemia; RBCC, RING-B boxes-coiled-coil.

3. Régulation transcriptionnelle de PML

L'induction du gène *PML* peut se faire de manière dépendante ou indépendante de l'IFN. Toutefois, les IFN sont les meilleurs inducteurs de l'expression de *PML*. Tous les IFN (α, β et γ) induisent fortement les niveaux d'ARNm, conduisant à une augmentation des différentes isoformes de PML et du nombre et de la taille des CN PML (Chelbi-Alix et al., 1995). Dans la leucémie aiguë promyélocytaire, dans laquelle, le gène *PML* est muté sur un allèle, l'IFN induit à la fois l'expression de PML et de PML/RARα car l'expression de PML/RARα est sous le contrôle du promoteur de PML. Ceci engendre la séquestration de PML dans des structures nucléaires en dehors des CN (Chelbi-Alix et al., 1995). Dans diverses lignées cellulaires, l'expression des isoformes de PML augmentent en réponse à l'IFN. L'expression de *PML* est directement induite par l'IFN à travers les séquences ISRE (interferon stimulated responsive element; -GAGAATCGAAACT-) et GAS (gamma activated sequence - TTTACCGTAAG-) situées dans le promoteur de PML et reconnues par les facteurs de transcription induits par l'IFN-α et l'IFN-γ respectivement (Stadler et al., 1995). La délétion de l'élément GAS altère faiblement la réponse à l'IFN-γ, alors que le motif ISRE est requis pour la réponse à l'IFN-I et - II (Stadler et al., 1995). En effet, la suppression du motif ISRE du promoteur de *PML* abolit la réponse à l'IFN-I et diminue considérablement l'induction par l'IFN-γ de *PML*. La liaison d'IRF-8 (interferon regulatory factor 8) à l'ISRE au niveau du promoteur de PML est également impliquée dans la régulation positive de l'expression de cette dernière en réponse à l'IFN-γ (Dror et al., 2007).

D'autres mécanismes indépendants de l'IFN régulent l'expression de PML (Kim et al., 2007). IRF-3 augmente l'expression de PML par activation transcriptionnelle. Cette activation nécessite à la fois les éléments ISRE et GAS au niveau du promoteur de PML. L'induction de *PML* par IRF-3 est directe et n'implique pas la synthèse d'IFN. Le gène suppresseur de tumeur p53, régule également l'expression de *PML* qui contient au niveau de son premier intron un site de liaison de ce facteur transcriptionnel. De plus, le niveau d'expression de PML augmente pendant les stimuli oncogéniques, comme dans le cas de la surexpression de Ras (Ferbeyre et al., 2000). Cependant, cette augmentation est observée à une période coïncidant avec la sénescence, ce qui suggère que la signalisation de Ras qui conduit à l'augmentation de PML est indirecte. Toutes ces données montrent que l'IFN, l'IRF-3 et p53 régulent l'expression de PML par des mécanismes distincts.

4. Modification post-traductionnelle de PML

PML est soumise à de multiples modifications post-traductionnelles (figure 15), comprenant la sumoylation, la phosphorylation, l'ubiquitination, et l'acétylation. PML peut être également une cible d'ISGylation par la protéine ISG15 (interferon induced gene de 15 kDa) (Shah et al., 2008).

a. SUMOylation de PML

La sumoylation est l'une des modifications post-traductionnelles de PML les plus étudiées et a des conséquences importantes sur les fonctions de PML. En effet, la sumoylation peut affecter la localisation de PML, sa stabilité ou sa capacité à interagir avec d'autres partenaires. PML est modifiée par SUMO-1 et SUMO-2/-3 sur les trois résidus lysines (K65, K160, et K490) (figure 15) (Kamitani et al., 1998b). La modification de PML par SUMO est aussi critique pour la formation des CN puisque le mutant de PML non sumoylable est incapable de former ces structures (Ishov et al., 1999). L'implication de SUMO dans la formation des CN a été également démontrée dans les cellules qui n'expriment pas SUMO-1 ou l'enzyme de conjugaison du SUMO, UBC9 (ubiquitin conjugating enzyme 9). En effet, les cellules de souris invalidées pour le gène de SUMO-1 ou d'UBC9 présentent des défauts importants de la formation des CN PML, démontrant que la sumoylation est essentielle pour le maintien de l'intégrité de ces structures (Evdokimov et al., 2008; Nacerddine et al., 2005).

b. Phosphorylation de PML

PML est phosphorylée sur les résidus Tyr et Ser (Chang et al., 1995) et certaines des kinases qui la phosphorylent ont été récemment identifiées. Par exemple, ERK (extracellular signal-regulated kinase), une MAPK, phosphoryle PML sur plusieurs résidus (figure 14). Cette phosphorylation conduit à la modification de PML par SUMO et induit l'apoptose suite au traitement à l'arsenic (Hayakawa and Privalsky, 2004). Suite à un dommage de l'ADN, PML est phosphorylée par au moins deux kinases: ATR (ataxia telangiectasia mutated (ATM)- and Rad3-related) (Bernardi et al., 2004) et CHK2 (checkpoint kinase-2) (Yang et al., 2002). Il a été proposé que la phosphorylation de PML par ATR médie sa translocation dans le noyau suivie par la séquestration de MDM2 (Bernardi et al., 2004) (une ubiquitine E3 ligase qui régule la stabilité de p53), alors que sa phosphorylation par CHK2 déclencherait l'apoptose (Yang et al., 2002).

La localisation de PML est étroitement liée à sa sumoylation et à sa phosphorylation. Dans le noyau, la majorité de PML est exprimée dans la fraction nucléaire diffuse du nucléoplasme et seulement une petite fraction se trouve au niveau des CN associés à la matrice. Le transfert de PML du nucléoplasme vers les CN dépend de sa phosphorylation. En effet, en réponse à une infection par le poliovirus ou un traitement à l'arsenic (As_2O_3), PML est phosphorylée par la voie des MAPK (mitogen-activated protein kinase), ce qui conduit à son transfert du nucléoplasme à la matrice nucléaire et à l'augmentation de sa sumoylation et par conséquent à l'augmentation de la taille des CN (Hayakawa and Privalsky, 2004; Lallemand-Breitenbach et al., 2001; Pampin et al., 2006). De plus, le mutant de PML qui n'est pas sumoylable est toujours transféré à la matrice nucléaire en réponse à l'arsenic (Lallemand-Breitenbach et al., 2001), suggérant que la phosphorylation de PML peut réguler ce transfert à la matrice nucléaire, où la sumoylation est censée se produire.

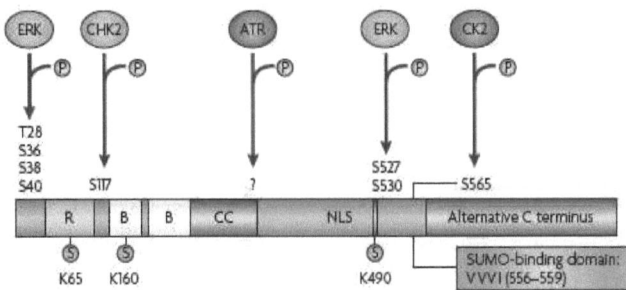

Figure 15. Modifications post-traductionnelles de PML. Représentation schématique des principaux domaines fonctionnels de PML. Plusieurs kinases qui sont connues pour phosphoryler PML sont présentées, y compris ERK, CHK2, ATM, ATR ainsi que CK2, ainsi que les résidus d'acides aminés de PML qu'elles phosphorylent. Les trois sites de sumoylation (S) de PML sont également indiqués, avec le domaine SBD qui est connu aussi sous le nom de SIM qui comprend les acides aminés VVVI au niveau des résidus (556-559). Toutes les modifications décrites sont communes à la plupart des isoformes de PML parce qu'elles se produisent dans la région conservée de la protéine. Toutefois, le motif VVVI et le site de phosphorylation CK2, qui sont situés dans l'exon 7 a, sont absents dans PMLVI. (D'après Bernardi and Pandolfi, 2007)

c. Autres modifications post-traductionnelles de PML

Outre la phosphorylation, la sumoylation et l'ubiquitination, d'autres modifications post-traductionnelles de PML ont été décrites. PML est une cible de l'acétylation mais le rôle de cette dernière dans la formation des CN PML nécessite d'avantage de recherche. PML est aussi une cible de l'ISGylation. Cette modification se fait par l'ajout d'un peptide de 15 kDa nommé ISG15 (Shah et al., 2008). L'expression d'ISG15 et de l'enzyme d'activation E1 est augmentée suite à un traitement des cellules à l'ATRA permettant la modification de PML par ISG15. Toutefois, le mécanisme conduisant à l'ISGylation de PML reste inconnu. Comme l'ATRA augmente la synthèse de l'IFN de type I et de plusieurs ISG (Pelicano et al., 1999), l'augmentation de l'ISG15 serait peut être la conséquence de l'IFN induit par l'ATRA. Néanmoins, il reste à déterminer si l'ISGylation de PML est observée dans les cellules traitées à l'IFN. Par ailleurs certains traitements modulent l'amplitude de ces modifications, comme le montre l'exemple du traitement par la trichostatine A, un inhibiteur de HDAC, (histone désacetylase), qui entraine l'augmentation de la sumoylation de PML et de l'apoptose. (Hayakawa et al., 2008).

5. Dynamique des CN PML

Les CN PML sont divers au plan morphologique. En effet, PML agrège à différents sites pour s'accumuler et créer des domaines particuliers en réponse à une variété de stress (Bernardi and Pandolfi, 2007; Eskiw et al., 2003). Il faut mentionner tout d'abord que contrairement à l'idée commune, l'écrasante majorité du pool de PML cellulaire n'est pas à proprement dit liée aux CN. Dans la plupart des lignées cellulaires, plus de 90% des protéines PML ont une localisation nucléaire diffuse, non associée à la matrice nucléaire ou aux CN (Lallemand-Breitenbach et al., 2001; Pampin et al., 2006; Porta et al., 2005). Le facteur le plus largement étudié modulant la distribution de PML est l'arsenic trioxyde, bien que plusieurs kinases activées suite à des dommages de l'ADN soient également importantes dans la distribution de PML dans la cellule. L'agrégation de PML induite par un stress donné peut favoriser la formation de CN typiques ou inversement les disperser dans le nucléoplasme ayant un aspect micromoucheté. Les différences entre ces structures peuvent être fondées sur la morphologie ou le contenu, ce qui donne une vision plus dynamique de PML et des CN PML (pour revue : Lallemand-Breitenbach and de The., 2010).

Les CN PML ont fait l'objet de plusieurs études utilisant des techniques d'imagerie comme le FRET ou le FRAP (Tsukamoto et al., 2000). Celles-ci ont montré que PML est une composante stable de ces structures nucléaires et les protéines partenaires sont plus mobiles, même si elles sont transitoirement retenues dans les CN (Boisvert et al., 2001; Weidtkamp-Peters et al., 2008). Les CN ne sont pas très mobiles, bien que fusions et fissions puissent être observées à travers la progression du cycle cellulaire. Certains CN marqués par la GFP-Sp100 sont plus petits et plus dynamiques que les CN PML typiques (Muratani et al., 2002; Wiesmeijer et al., 2002). Il faut rappeler que certaines de ces études ont été effectuées sur des cellules transfectées d'une manière transitoire où les modifications post-traductionnelles, qui sont des déterminants essentiels de recrutement de certains partenaires, sont peu susceptibles d'être complètes. La définition des CN PML en termes de taille, nombre ou structure semble être très variable selon l'état de la cellule et sa physiologie (division cellulaire, traitement à l'IFN, signalisations etc...).

6. Rôle de SUMO dans l'assemblage des CN PML

SUMO est conjugué aux protéines cibles sur des résidus lysine, créant des peptides ramifiés (voir mécanisme infra, -partie sumoylation-). Cet ajout de SUMO modifie de manière significative les propriétés de liaison et d'interaction de la protéine modifiée. SUMO est impliqué dans de multiples voies, principalement en tant que régulateur des interactions entre protéines (Hay, 2005). Le SUMO conjugué peut interagir avec le SIM d'autres protéines (Hecker et al., 2006; Minty et al., 2000). SUMO-1 est le premier à être identifié comme un partenaire de PML (Boddy et al., 1996). PML est sumoylable sur trois résidus lysine: K65 dans le domaine ring finger, K160 dans la boîte B1 et K490 dans le motif de localisation nucléaire (NLS). PML contient également un domaine SIM. En conséquence, les interactions intermoléculaires entre PML, SUMO et SIM sont à la base de la biogenèse des CN PML (Matunis et al., 2006; Shen et al., 2006). Les cellules invalidées pour le gène *Ubc9* (*Ubc9-/-*) qui sont défectueuses pour la sumoylation montrent des défauts des CN (Nacerddine et al., 2005). Par ailleurs, la plupart des protéines partenaires associées aux CN PML sont sumoylées et plusieurs d'entre elles contiennent des SIM suggérant que les interactions SIM/SUMO peuvent intervenir dans le recrutement et la séquestration de partenaires. Le trioxyde d'arsenic est connu pour réguler le partitionnement de PML entre nucléoplasme et matrice nucléaire, et promouvoir de façon séquentielle la formation des CN, la sumoylation de PML, le recrutement des partenaires, et la dégradation de PML (figure 16) (Ishov et al., 1999; Lallemand-Breitenbach et al., 2008; Lallemand-Breitenbach et al., 2001; Zhong et al., 2000). Dans un travail soumis pour publication, nous avons montré que le SIM de PML est requis pour sa dégradation par le trioxyde d'arsenic (Maroui et al., soumis). Cependant, des questions restent à ce jour sans réponse : comment l'arsenic initie-t-il le transfert SUMO-indépendant de la forme soluble de PML dans le nucléoplasme à la matrice nucléaire ? Pourquoi l'association à la matrice est-elle suivie par la sumoylation ?

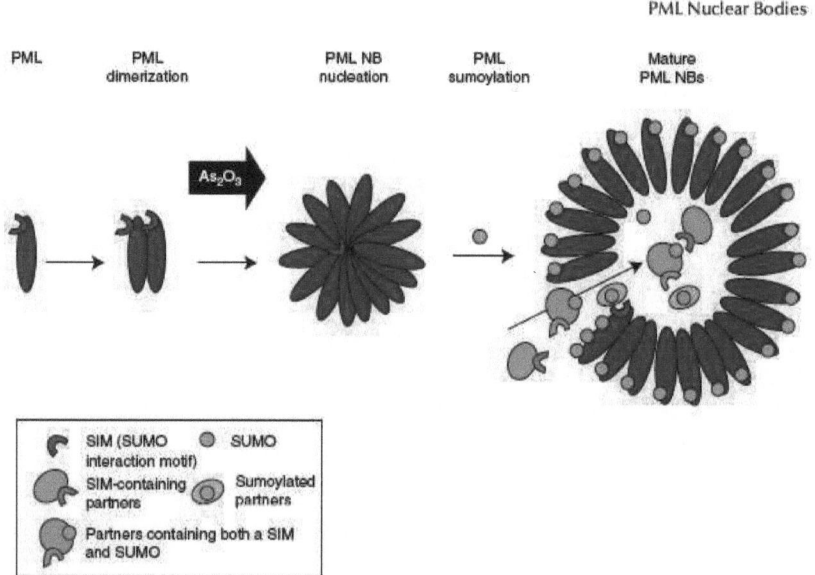

Figure 16. Représentation schématique de la biogénèse des CN PML. Les protéines PML se dimérisent d'abord par les domaines RBCC et se multimérisent par la suite pour organiser les CN. La sumoylation de PML conduit à l'organisation en corps sphériques. Les partenaires ayant un SIM ou étant sumoylés, ou les deux, sont recrutés par le SUMO ou le SIM de PML et intégrés à l'intérieur du corps nucléaire. (D'après Lallemand-Breitenbach and de The., 2010)

7. Fonctions des CN PML

PML influence ou régule les processus clés tels que la transcription, l'apoptose, la sénescence, la réponse au dommage de l'ADN ou la défense antivirale (Bernardi and Pandolfi, 2007; Bernardi et al., 2008; Everett et al., 2006; Geoffroy and Chelbi-Alix; Salomoni and Pandolfi, 2002). Deux nouveautés sont apparues: (1) le rôle protecteur de PML, Daxx et Sp100 contre de nombreuses infections virales (Everett, 2006; Everett and Chelbi-Alix, 2007; Geoffroy and Chelbi-Alix; Tavalai and Stamminger, 2008) (2) le rôle de PML dans le devenir des cellules souches normales ou cancéreuses (Ito et al., 2008; Li et al., 2009; Regad et al., 2009). PML force les cellules souches à s'auto-renouveler. Ceci montre sa capacité à moduler la voie AKT à travers la phosphorylation d'AKT ou à travers la localisation de son régulateur PTEN (Ito et al., 2009; Song et al., 2008; Trotman et al., 2006). La sumoylation du récepteur TR2, un modulateur de l'Oct4 (régulateur transcriptionnel dans les cellules souches), est dépendante de PML (Gupta et al., 2008; Park et al., 2007). L'importance de PML dans l'établissement des caractères des cellules souches, met en lumière les rares différences morphologiques des CN (Butler et al., 2009) et les questions sur la nature des isoformes de PML qui sont exprimées.

Les modèles actuels considèrent PML comme l'organisatrice des CN, dont la fonction principale est de recruter et de concentrer les partenaires au sein des CN. Cette fonction s'accompagne du recrutement d'enzymes de modifications post-traductionnelles ce qui permet, en théorie, d'améliorer ces modifications. Ceci a pour conséquence l'activation, la séquestration ou la dégradation.

IV. Le système ubiquitine/protéasome

1. Généralités

Chez les eucaryotes, la dégradation de la vaste majorité de protéines intracellulaires est réalisée par le protéasome (Rock et al., 1994; Craiu et al., 1997). Les substrats destinés à la protéolyse sont étiquetés par une chaine de polyubiquitine composée d'au moins quatre molécules. Cette étiquette constitue le signal reconnu par la chambre protéolytique du protéasome qui est habituellement fermée. En entrant dans le canal du protéasome, la chaîne polypeptidique de la protéine se déplie et s'étend pour être par la suite hydrolysée en peptides courts. L'ubiquitine elle-même ne passe pas dans le protéasome, et après destruction de la molécule marquée, elle se libère pour aller modifier une autre protéine. Ce processus a été nommé «dégradation protéique dépendante de l'ubiquitine». Dans cette partie, nous présenterons le système Ub-protéasome, la molécule d'ubiquitine (Ub), la structure du protéasome et le mécanisme de l'ubiquitination à l'origine de la dégradation des protéines cibles.

2. Structure du protéasome

a. Le protéasome 26S

Le protéasome responsable de la dégradation des protéines d'une manière dépendante de l'ubiquitine est constitué de deux sous-complexes de base. Une sous unité centrale, la sous unité 20S (700kDa), forme un complexe soit avec l'activateur du protéasome (19S PA, 700kDa), soit avec la particule régulatrice du protéasome (19S RP, 900kDa) (figure 17). La sous unité 20S contient des sous-unités de la protéase, tandis que 19S RP comprend les sous-unités capables de lier les chaînes polyUb et le substrat, ainsi que les isopeptidases responsables du clivage de l'Ub pour le détacher du substrat. Ce dernier va ainsi être livré au coeur du canal du protéasome pour être dégradé (Groll and Huber, 2003). 19S RP peut se lier à la sous unité 20S à l'une ou l'autre des deux extrémités, ce qui permet la formation du protéasomes 26S. En plus du 19S RP, la structure du protéasome 26S peut contenir des particules régulatrices alternatives telles que PA28α/β (ou 11S REG), PA28γ (ou REGγ), PA200, PI31, etc. (Dahlmann., 2005).

b. Le protéasome 20S

Le protéasome 20S des procaryotes et des eucaryotes est composé de 28 sous-unités. Dans les procaryotes, il contient 14 sous-unités α identiques et 14 sous-unités β identiques. Chez les eucaryotes, le protéasome est constitué de deux ensembles de sept sous-unités α et de deux ensembles de sept sous-unités β différentes. Chez les mammifères, en plus de la forme constitutive de la sous unité 20S du protéasome, il existe un immunoprotéasome, dont l'assemblage au sein de la cellule commence après sa stimulation par l'IFN-γ. Ce dernier déclenche la synthèse de trois sous-unités supplémentaires du protéasome : β1i, β2i, et β5i. Au cours de l'assemblage du protéasome, ces sous unités sont incorporées au lieu des sous-unités β1, β2, et β5 qui sont présentes de manière constitutive dans la cellule (Frentzel et al., 1994; Nandi et al., 1997). Contrairement à la forme constitutive du protéasome, l'immunoprotéasome génère des peptides qui seront utilisés lors de la présentation des antigènes à la suite d'une infection microbienne (Kloetzel et al., 1999; Kloetzel, 2001; Yewdell et al., 2001).

Le protéasome est composé de trois compartiments, deux cavités externes et la chambre protéolytique interne. Il appartient à la classe des hydrolases NTN (N-terminal nucléophilic hydrolases). La thréonine située à l'extrémité N-terminale des sous-unités β est vitale pour l'activité catalytique du protéasome. En effet, sa substitution par une sérine diminue l'efficacité d'hydrolyse (Kisselev et al., 2000). Chez les procaryotes, l'ensemble des 14 sous-unités β sont identiques et par conséquent le protéasome contient 14 centres protéases. Chez les eucaryotes, trois des sept sous-unités β possèdent une activité catalytique thréonine-protéase substrat-spécificité, ce qui fait que le protéasome dans son ensemble dispose de six centres protéasiques. La sous-unité β1 hydrolyse les liaisons peptidiques avec une activité comme l'activité caspase, et la sous-unité β2 possède une activité hydrolase qui la permet de dégrader les peptides d'une manière comparable à l'activité de la trypsine. L'activité d'hydrolyse des peptides de la sous-unité β5 est identique à l'activité de la chymotrypsine (Heinemeyer et al., 1997; Arendt and Hochstrasser, 1997).

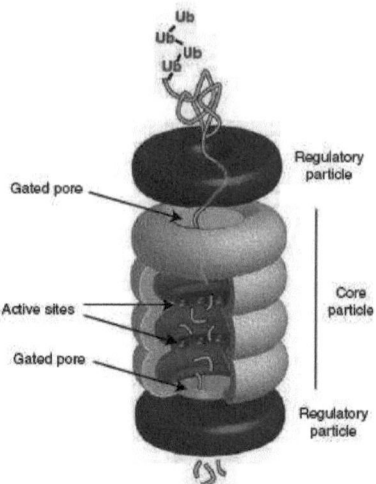

Figure 17. Réprésentation schématique du protéasome 26S et le rôle de ses sous unités. Le protéasome 26S est composé de la sous unité centrale 20S (CP 20S) avec une ou deux sous unités 19S (19S RP). Les protéines destinées à la dégradation sont tout d'abord polyubiquitinées. Après cette modification covalente avec l'Ub, la protéine sera capable de se lier d'une manière directe ou via une protéine adaptatrice au complexe régulateur 19S. Ainsi, la protéine cible est dépliée par les ATPases qui encerclent l'entrée du cœur catalytique du 20S, et la chaine de polyubiquitine est détachée par les enzymes de déubiquitination qui se trouvent associées au protéasome. Finalement, le substrat est transloqué dans la chambre protéolytique dans laquelle se déroulera le clivage du substrat en peptides courts. (D'après Carmo-Fonseca et al., 2010)

c. Protéasome 19S

La particule régulatrice 19S (19S RP) est la composante clé de la régulation du protéasome 26S (figure 17). 19S RP est responsable de la reconnaissance des protéines polyubiquitinées et permet la sélectivité du substrat à dégrader. 19S RP est impliqué dans l'ouverture de la porte du CP 20S, le déroulement du substrat, et de son avancement dans la chambre protéolytique du protéasome. 19S RP peut s'attacher au CP 20S par l'une ou les deux extrémités formant les isoformes RP1CP et RP2CP du protéasome 26S, respectivement. Chez les mammifères, les cellules contiennent une quantité importante de 20S CP libre, vue la faiblesse du ratio 19S RP/CP 20s, ainsi qu'une quantité importante d'isoforme RP1CP du protéasome 26S (Brooks et al., 2000).

3. Système ubiquitination/déubiquitination

a. L'ubiquitine (Ub)

L'Ub est une protéine de 76 acides aminés avec un empilement α/β bien étudié (figure 19). Chez les eucaryotes, la molécule d'Ub est très bien conservée et est codée par plusieurs gènes. Il est fréquent que l'Ub soit synthétisé sous forme d'un précurseur de polyubiquitine inactif dans lequel le nombre de monoUb répété peut différer entre organismes. Certains gènes codent une seule copie d'Ub liée aux protéines ribosomiques L40 et S27a (Catic et al., 2007). Le traitement par des enzymes de désubiquitination est nécessaire pour activer l'Ub (exposer le résidu Gly dans l'extrémité C-terminale). Le plus souvent, l'Ub se lie au substrat par liaison isopeptidique entre le résidu Gly de son extrémité C-terminale et le groupement amine de la Lysine dans la molécule substrat. L'Ub forme différents types de modifications dont les plus simples sont des monoubiquitinations (Hicke and Dunn., 2003).

b. L'ubiquitination: réaction et enzymes

Chez les eucaryotes, la plupart des substrats du protéasome sont polyubiquitinés. La Polyubiquitination est effectuée par cascade de réactions catalysées par trois enzymes: E1, E2, et E3. La figure 18 montre le processus d'ubiquitination d'une manière simplifiée. Dans la première étape, l'enzyme E1 active en présence d'ATP l'ubiquitine (Ub). Au cours de cette étape se forme l'intermédiaire fortement énergétique thiol ester (E1-S ~ Ub). Puis l'une des enzymes E2 de conjugaison UBC (Ub-carrier enzymes E2), via la formation d'un deuxième intermédiaires (E2-S ~ Ub) transfert l'Ub activé à l'enzyme ligase E3, qui se lie spécifiquement au substrat. Dans le cas d'une E3 ligase contenant un domaine RING (really interesting new gene), l'Ub est livré directement par la ligase au substrat. Dans le cas d'une E3 ligase contenant un domaine HECT (homologous to E6-associated protein C-terminus), l'Ub est livré au substrat suite à la formation d'un intermédiaire supplémentaire (E3-S ~ Ub). Après avoir transférer la première molécule d'Ub au substrat, l'enzyme E3 attache de façon séquentielle d'autres molécules d'Ub sur la première déjà liée sur le résidu lysine. La conjugaison d'ubiqutine sur certaines protéines nécessite une enzyme supplémentaire E4 (Koegl et al., 1999; Hoppe, 2005) tandis que l'ubiquitination de certaines protéines contenant un domaine de liaison à l'ubiquitine peut se faire sans l'intervention d'une E3 (Hoeller et al., 2007).

D'une manière générale, la partie C-terminale de l'Ub forme un lien isopeptidique avec le le groupement amine de la Lys dans le substrat, mais dans certains cas, l'Ub peut se conjuguer au substrat via son extrémité N-terminale ou via une chaîne latérale cystéine (Breitschopf et al., 1998; Ben-Saadon et al., 2004; Cadwell and Coscoy, 2005). Le signal minimum de dégradation par le protéasome nécessite au moins la formation d'une chaine de polyubiquitine formée par au moins 4 molécules d'Ub connectées les unes aux autres en série par liaisons isopeptidiques. La liaison se fait entre l'extrémité C-terminale d'une molécule d'Ub et la Lys48 d'une autre (Thrower et al., 2000). Chez les mammifères, le système d'ubiquitination contient plusieurs centaines d'enzymes différentes : une enzyme E1, environ 50 enzymes E2, et environ 650 E3 ligases. Les E3 ligases sont vitales pour la dégradation des protéines dépendante de l'Ub par le protéasome car elles ont la spécificité de polyubiquitination du substrat. L'ubiquitination est une réaction réversible. En effet, grâce à des enzymes de déubiquitination ; les déubiquitinases (DUBs) qui hydrolysent la liaison Ub - protéine cible, le substrat peut transloquer à travers le pore du protéasome et l'Ub est régénéré.

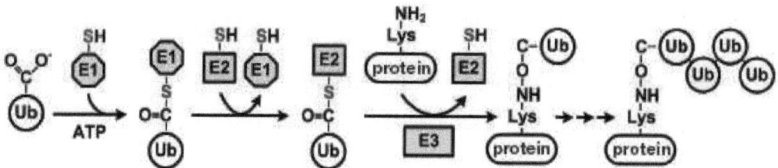

Figure. 18. Les étapes de l'ubiquitination. L'ubiquitin (Ub) est active par l'enzyme E1 et transloque à l'enzyme E2. Par la suite, la ligase E3 conjuge l'Ub au substrat (protéine). La protéine cible doit être polyubiquitinée pour qu'elle soit reconnue et dégradée par le protéasome. Les lysines (K) les plus couramment impliquées dans la formation de chaînes d'ubiquitine sont K48 et K63 (poly-ubiquitination). Les chaînes K48 induisent la dégradation de la protéine cible par le protéasome. (D'après **Sorokin et al., 2009**)

4. Processus de la dégradation par le protéaome

Comme mentionné plus haut, le mécanisme classique de la dégradation des protéines par le protéasome 26S comprend les étapes de dépliement de la chaîne polypeptidique et sa translocation dans la chambre protéolytique. Le substrat pénètre dans la chambre protéolytique de la 20S CP par l'un de ses extrémités, et la dégradation se fait progressivement à partir de l'extrémité de la protéine cible (exoprotéolyse). Un autre rôle intéressant du protéasome est son activité de "processing". En effet, dans certains cas, le protéasome ne dégrade pas entièrement le substrat, mais permet la production d'une forme tronquée du précurseur. L'exemple le plus documenté est celui de la protéine p50 (un constituant du facteur de transcription NF-κB) généré à partir du précurseur p105. Dans un premier temps, la protéine p105 est ubiquitynée, au niveau de son extrémité C-terminale, puis dans un second temps, la moitié C-terminale est dégradée par le protéasome, et enfin, la région N-terminale de 50 kDa est relâchée comme une sous-unité stable et active du facteur NF-κB (Lin et al., 1998; Moorthy et al., 2006).

5. Localisation du protéasome

Dans les cellules eucaryotes, le protéasome est localisé aussi bien dans le cytoplasme que dans le noyau. Par exemple, dans les hépatocytes 17% du nombre global du protéasome est dans le noyau, 14% est liée au réticulum endoplasmique, et la portion restante se trouve dans la matrice cytoplasmique. Le contenu en protéasome dans les noyaux des cellules de l'épithélium pulmonaire est de 51% (Rivett et al., 1992). Ceci indique que la distribution nucléo-cytoplasmique du protéasome peut être spécifique du tissu. La distribution du protéasome entre le cytoplasme et le noyau subi des changements remarquables durant l'embryogenèse. Dans les spermatozoïdes et les ovules, le protéasome est concentré dans le cytoplasme, et à des stades précoces de division, il transloque vers le noyau (Wojcik et al., 2000b; Wojcik et al., 2000a). Par ailleurs, la distribution intracellulaire du protéasome change dynamiquement au cours du cycle cellulaire (Lafarga et al., 2002). Le cycle cellulaire est régulé par deux mécanismes biochimiques : phosphorylation-déphosphorylation et protéolyse des protéines impliquées dans la régulation du cycle de la cellule (exemple, les cyclines et les cyclines-kinases) (Nurse, 2000). La dégradation par le protéasome des cyclines dans le noyau est une condition nécessaire pour le cours normal du cycle cellulaire (Johnson and Walker, 1999).

Les mécanismes de régulation de la distribution intracellulaire du protéasome ne sont pas suffisamment étudiés. Certaines sous-unités du protéasome contiennent des signaux de localisation nucléaire (NLS) (Nederlof et al., 1995; Wang et al., 1997; Sorokin et al., 2007). Beaucoup de sous-unités sont phosphorylées (Konstantinova et al., 2008). Au moins six sous-unités du protéasome sont phosphorylées sur les résidus Tyr, et cette phosphorylation pourrait être impliquée dans la régulation de la redistribution du protéasome entre le noyau et le cytoplasme (Wang et al., 1997; Tanaka et al., 1990; Benedict et al., 1995). De plus le protéasome peut avoir une localisation extracellulaire. En effet, le protéasome a été trouvé dans le sérum de deux sujets normaux et des patients présentant diverses maladies malignes (leucémie, myélome, cancer, etc) (Wada et al., 1993; Feist et al., 2007; Jakob et al., 2007). Basé sur le fait que le niveau du protéasome dans le sérum de patients atteints de cancer est beaucoup plus élevé que chez les sujets seins, les auteurs ont conclu que cela pourrait provenir d'une sécrétion plus importante du protéasome par les cellules tumorales (Starita et al., 2005). Cependant, le mécanisme de cette sécrétion reste peu étudié.

V. La SUMOylation

1. Définition et fonctions

La découverte de la sumoylation en 1996-1998 a été distinguée par un prix Nobel en 1999 (Gunter Blobel). Comme l'ubiquitination, la sumoylation est une modification post-traductionnelle réversible très conservée, qui implique la conjugaison d'un polypeptide sur des protéines cibles. Le polypeptide SUMO (small ubuiquitine-like modifer) est exprimé chez tous les eucaryotes (Epps and Tanda, 1998; Hayashi et al., 2002). Les levures et les invertébrés étudiés à ce jour contiennent un seul gène SUMO, alors que les vertébrés en contiennent trois, SUMO-1, SUMO-2 et SUMO-3 (Johnson et al., 1997) (Kamitani et al., 1998; Mahajan et al., 1997). Un autre paralogue de SUMO (SUMO-4), qui ressemble beaucoup à SUMO-2 et SUMO-3 a été décrit (Bohren et al., 2004). SUMO-4 est probablement non conjugué sous conditions physiologiques et par conséquent son rôle biologique reste de ce fait inconnu (Owerbach et al., 2005). Biochem. Biophys. Res. Commun). Par liaison isopeptidique, SUMO est fixé de manière covalente au groupement ε-amine des résidus lysine cibles dans les substrats protéiques spécifiques. Cela se produit en trois étapes impliquant trois enzymes (E1, E2 et E3) via un processus qui est analogue à l'ubiquitination (Gill, 2004) (Melchior et al., 2003). La sumoylation peut affecter la localisation cellulaire des protéines, leur activité, leur stabilité et leurs interactions avec d'autres protéines (Geiss-Friedlander and Melchior, 2007). SUMO est aussi impliqué dans d'autres processus cellulaires, tels que la régulation du cycle cellulaire, la transcription, la dégradation et l'organisation de la chromatine (Muller et al., 2001) (Seeler and Dejean, 2003; Verger et al., 2003). La sumoylation pourrait jouer un rôle de défense antivirale au cour de l'infection par certains virus ou inversement, favoriser l'infection (Wimmer et al., 2011). SUMO partage une homologie de 18% avec l'ubiquitine (Muller et al., 2001) et possède un poids moléculaire d'environ 11 kDa, (Muller et al., 2001). SUMO se lie au résidu lysine sur la séquence consensus ψKXE (où ψ correspond à un acide aminé hautement hydrophobe, K est un résidu lysine, X est un acide aminé quelconque et E est un résidu d'acide glutamique) sur la protéine cible. SUMO-2 et -3 partagent une homologie de 95% l'un avec l'autre, mais seulement 50% d'identité avec SUMO-1 (Johnson, 2004). SUMO-2 et -3 ont la capacité de former entre eux des chaînes polySUMO, par liaisons covalentes via le résidu lysine du motif consensus ψKXE situé à l'extrémité N-terminale de la molécule. SUMO-1 n'a pas ce motif consensus et par conséquent, il est incapable de former de polychaines SUMO (Kroetz, 2005). En effet, il agit comme un terminateur de chaînes polySUMO (Ulrich, 2009).

2. Conjugaison /déconjugaison de SUMO

Le processus de conjugaison de SUMO implique trois enzymes ; E1: enzyme d'activation, E2: enzyme de conjugaison et E3: ligase (figure 19) (Takahashi et al., 2001). SUMO se lie à sa protéine cible par une liaison isopeptidique qui se forme entre un groupement ε-amine du résidu lysine de la protéine cible et le groupement carboxyle de l'extrémité C-terminale du peptide SUMO (Desterro et al., 1997). Tout d'abord, SUMO doit être activé par clivage grâce à une isopeptidase appartenant à la famille des protéases spécifiques de SUMO appelée SENP (SUMO-specific protease). Ces enzymes sont responsables de la déconjugaison de SUMO (Mukhopadhyay and Dasso, 2007). L'enzyme activant SUMO (E1), SAE1 / 2, débute la réaction en interagissant avec SUMO (activé par SENP), pour former une liaison thiol-ester hautement énergétique. L'enzyme de conjugaison (E2) se lie alors à SUMO via ses résidus cystéines dans son site actif. Cet intermédiaire est très important dans la phase finale de conjugaison, généralement facilitée par une ligase E3 (Kroetz, 2005). La SUMO E3 ligase agit soit pour activer Ubc9 ou le diriger à proximité de la protéine cible, améliorant ainsi la sumoylation (Ulrich, 2009). Un grand nombre de protéines (~ 40%) peuvent êtres sumoylées en absence de la séquence consensus (εKXE), démontrant des différences dans la spécificité du substrat (Ulrich, 2009).

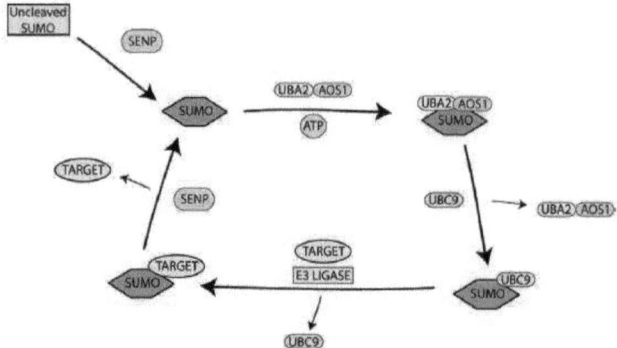

Figure 19. Voies de conjugaison et de déconjugaison de SUMO. La conjugaison de SUMO nécessite l'activité de quatre enzymes: SENP (protéase spécifique de SUMO); E1 composé par 2 sous-unités Uba2/Aos1; E2—Ubc9 et E3 ligases. La réaction est initiée par le clivage de SUMO dans son extrémité C terminale pour l'activer par une protéase de la famille SENP. Par la suite, l'enzyme E1 qui est un hétérodimère de Uba2/Aos1, se lie à SUMO en présence d'ATP avant de le transférer à l'enzyme de conjugaison E2 (Ubc9). Finalement, E3 ligase permet le transfert et l'attachement covalent de SUMO à son substrat cible par liaison isopeptidique. (D'après Hannoun et al., 2010)

Enzymes impliquées dans la sumoylation

a. Enzyme d'activation E1

E1 existe sous forme d'hétérodimère dont chaque monomère correspond à une région de l'enzyme E1 d'ubiquitine (Ub E1) impliquée dans l'ubiquitination. La sous unité SAE1 (SUMO activating enzyme 1) partage des similitudes avec l'extrémité N-terminale d'Ub E1, et la sous unité SAE2, le deuxième composant du complexe SAE est similaire à l'extrémité C-terminale d'Ub E1 (Johnson and Blobel, 1997). Le complexe SAE est responsable de la préparation de SUMO pour son transfert à l'enzyme de conjugaison Ubc9 (Walden et al., 2003).

b. Enzyme de conjugaison E2

Ubc9 est la seule enzyme de conjugaison connue pour SUMO, contrairement à la voie d'ubiquitination où chaque E2 a un ensemble spécifique de protéines cibles (Hayashi et al., 2002). Ubc9 contient un site actif avec un résidu cystéine qui est responsable de la liaison de la molécule SUMO directement à la séquence ψKXE se trouvant sur la protéine cible (Sternsdorf et al., 1999).

c. Enzyme E3 SUMO ligase

Contrairement à SUMO E2, un plus grand nombre de E3 SUMO ligases a été découvert. Ces ligases ont été classées en trois types: la famille des inhibiteurs PIAS (protein inhibitor of activated STAT—signal transducer and activator of transcription) (Hochstrasser, 2001), les protéines des pores nucléaires Ran BP2 (Ran binding protein 2) et la nucléoporine 358 (Nup358), (Pichler et al., 2002) et les protéine du groupe Polycomb (PC2) (Kagey et al., 2003). Ligases E3 sont généralement spécifiques du substrat avec une redondance mineure. Le plus grand groupe de ligases E3 est constitué des protéines PIAS avec quatre gènes chez les mammifères: PIAS1, PIAS3, PIASx et PIASγ (Liu et al., 1998). Les E3 PIAS ont une région conservée composée d'un domaine SAP responsable de la liaison aux séquences d'ADN riches en nucléotides AT et un domaine SP-RING qui se lie à Ubc9 et favorise la sumoylation (Schmidt and Muller, 2002). Ils contiennent également le motif SIM d'interaction à SUMO (Rytinki et al., 2009). Les différentes PIAS sumoylent des substrats distincts, avec un chevauchement occasionnel (Schmidt and Muller, 2002). Le deuxième groupe des SUMO ligases se compose de la protéine des pores nucléaires RanBP2 (Nup358) avec un seul substrat connu, la protéine RanGAP1, protéine activant la GTPase et est importante dans le transport nucléaire des protéines (Nishimoto, 1999; Saitoh et al., 1997). Pour la dernière famille de SUMO ligase identifiée à ce jour, PC2 sumoyle le co-répresseur transcriptionnel CtBP se trouvant dans le noyau (Lin et al., 2003).

3. Régulation de la sumoylation

La modification des protéines par SUMO est un processus dynamique impliquant à la fois des enzymes de conjugaison et de déconjugaison. Les enzymes de déconjugaison ont pour fonction de cliver les liens isopeptidiques entre le peptide SUMO et la protéine modifiée (Melchior et al., 2003). Il ya sept isoformes de ces isopeptidases, y compris SENP1, SENP2, SENP3, et SENP6 SENP7 (Mukhopadhyay and Dasso, 2007). Les SENP contiennent à leur extrémité C-terminale un domaine Ulp ((ubiquitin-like protein)-specific protease) responsable du clivage des liaisons isopeptidiques. Leur extrémité N-terminale contient des domaines distincts qui régulent leurs localisations cellulaires, suggérant un ensemble distinct de substrats pour chaque SENP (Mukhopadhyay and Dasso, 2007). En plus de leur rôle de déconjugaison, les SENP jouent également un rôle essentiel dans le maintien du niveau de SUMO libre dans la cellule (Ulrich, 2009). D'autres formes de régulation de la sumoylation font intervenir les ligases E3 et la présence d'autres motifs consensus sur les protéines cibles. Le fait que 40% des protéines modifiées par SUMO n'est pas la séquence consensus typique pourrait aussi être considéré comme une autre forme de régulation de la sumoylation.

4. Ubiquitination dépendante de SUMO

L'identification d'ubiquitine ligases qui reconnaissent les protéines sumoylées (ULS), aussi connues sous le nom STUBL (SUMO-targeted ubiquitin ligases) a conduit à la découverte de la protéolyse dépendante d'Ub contrôlant les protéines modifiées par SUMO (Uzunova et al., 2007; Prudden et al., 2007; Sun et al., 2007; Xie et al., 2007; Tatham et al., 2008; Lallemand-Breitenbach et al., 2008; Weisshaar et al., 2008). L'inactivation de gènes des STUBL chez la levure en bourgeonnement et en fission, d'une manière simolaire à l'inhibition du protéasome conduit à l'accumulation de SUMO conjugué de haut poids moléculaire indiquant que ces ligases sont responsables de la médiation d'un contrôle protéolytique des protéines sumoylées (Uzunova et al., 2007; Prudden et al., 2007; Sun et al., 2007; Xie et al., 2007). Les protéines STUBL sont habituellement caractérisées par la présence de plusieurs motifs SIM (SUMO-interacting motif) qui permettent la liaison aux protéines polysumoylées, et par leurs domaines RING (Figure 2) qui assure la fonction d'ubiquitine ligase à travers sa capacité à interagir avec l'enzyme de conjugaison (UBC).

5. Modèle de dégradation SUMO dépendante impliquant RNF4

RNF4 (RING finger protein) est une E3 ubiquitine ligase nucléaire qui se lie à SUMO et localise dans les CN-PML. RNF4 présente une homologie de séquence avec Rfp1 Rfp2 et complémente la suppression complète des gènes STUBL dans la levure (Uzunova et al., 2007; Prudden et al., 2007; Sun et al., 2007). PML sumoylée a été identifiée comme le premier substrat physiologique de RNF4 (Tatham et al., 2008; Lallemand-Breitenbach et al., 2008). L'ubiquitynation de PML ou de la protéine chimère PML-RAR (retinoic acid receptor) est stimulée par l'arsenic et survient préférentiellement sur la chaîne SUMO plutôt que sur PML elle-même (figure 20). RNF4 fonctionne comme un homodimère qui reconnaît les chaînes polySUMO par l'intermédiaire de multiple motifs SIM situés dans sa moitié N-terminale (Tatham et al., 2008; Liew et al; 2010 Plechanovova et al., 2011). En plus de PML, la protéine de kinétochore CENP-I et le facteur HIF2a (hypoxia inducible factor 2a) ont récemment été identifiés comme étant des SUMO-substrats ciblés par RNF4 pour dégradation (Mukhopadhyay et al., 2010; Van Hagen et al., 2010). Une analyse protéomique de protéines polysumoylées interagissant avec le domaine SIM de RNF4 a permis l'identification de plusieurs centaines d'autres substrats putatifs (Bruderer et al., 2011). Beaucoup de ces protéines, y compris les protéines de réparation d'ADN, ont été induites par stress thermique, ce qui stimule la formation de protéines conjuguées à SUMO-2 / 3 de haut poids moléculaires (Golebiowski et al., 2009). Ces résultats suggèrent que la dégradation médiée par STUBL des protéines polysumoylées participe à diverses réponses aux stress cellulaires. Une autre étude récente a montré que RNF4 est aussi un facteur essentiel pour l'embryogenèse. En effet, il favorise la déméthylation de l'ADN (Hu et al., 2010). Cette dernière fonction de RNF4 nécessite le motif SIM et le domaine RING suggérant l'implication de son activité STUBL.

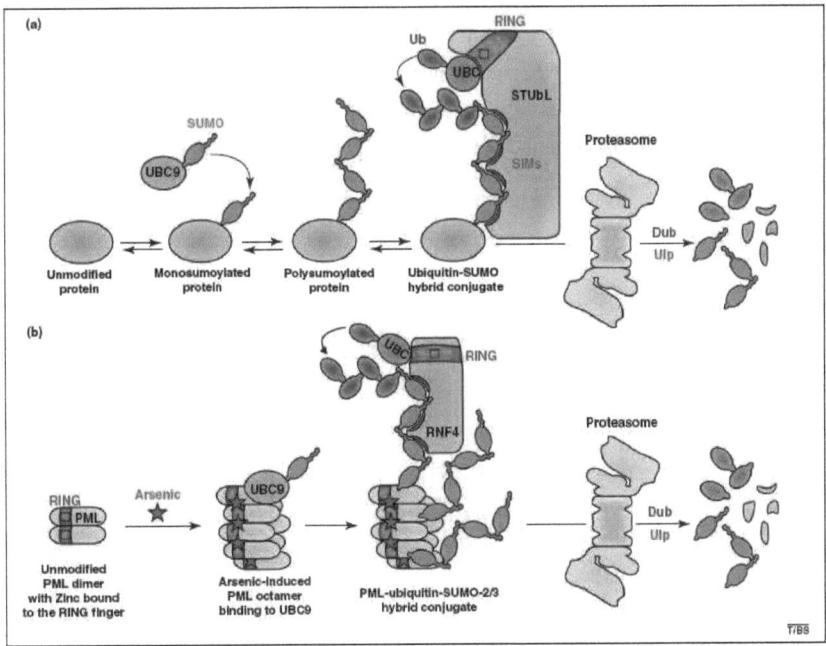

Figure 20. Contrôle protéolytique dépendant de l'ubiquitine des proteines modifiées par SUMO. (a) Voie simplifiée dans laquelle la polysumoylation des proteines médiées par UBC9 conduit à la reconnaissance par une STUbL et l'attachement de l'ubiquitine à la chaîne SUMO. Les protéines modifiées de cette manière sont dégradées par le protéasome. Les activités DUB et ULP permettent le recyclage de l'ubiquitine et de SUMO. (b) Le ciblage protéolytique de PML est induit par la liaison à l'arsenic, qui promeut l'oligomérisation (souvent en octamères) et la liaison à UBC9. Les formes polysumoylées de PML sont reconnues et ubiquitinées par RNF4 ce qui entraîne la dégradation par le protéasome. Un ciblage analogue a lieu pour la protéine de fusion PML-RAR alpha après traitement avec l'arsenic. (D'après Praefcke et al., 2011)

VI. Cas d'étude du virus de l'encéphalomyocardite (EMCV) réalisé durant ma thèse de doctorat.

1. Rôle de la SUMOylation dans la dégradation de PML par le virus de l'encéphalomyocardite EMCV.

PML (TRIM19) a une distribution intranucléaire avec une forme diffuse majoritaire dans le nucléoplasme et une forme associée à des domaines de fonction inconnue appelés corps nucléaires (CN) PML et en anglais PML Nuclear Bodies (NBs). Les CN sont une structure nucléaire multi-protéique dont PML est l'organisatrice. PML est une phosphoprotéine appartenant à la famille RBCC/TRIM caractérisée par la présence de quatre motifs (RING finger, deux boites B, un domaine "coiled-coil" et un signal de localisation nucléaire). PML est modifiée de façon covalente par SUMO selon un processus ressemblant à l'ubiquitination. Trois sites ont été identifiés pour la liaison à PML sur les lysines 65, 160 et 490. La modification par SUMO contrôle la répartition de PML : la forme non modifiée est nucléoplasmique tandis que la forme conjuguée est associée aux CN PML. PML et les CN sont impliqués dans différents processus cellulaires tels que l'apoptose, la sénescence, la différenciation, la stabilité du génome et dans la réponse à l'IFN et la défense antivirale. En effet, notre équipe a montré que la surexpression de PMLIII permet aux cellules de résister à l'infection par le VSV, le virus de l'influenza ou le HFV indépendamment de p53 (Chelbi-Alix et al., 1998; Regad et al., 2001), et d'une manière dépendante de p53 à l'infection par le poliovirus (Pampin et al., 2006). Toute fois PMLIII est incapable de conférer une protection contre l'infection par l'EMCV (Chelbi-Alix et al., 1998).

Comme différents virus détournent la machinerie cellulaire à leur profit et développent différentes stratégies pour inhiber l'action de l'IFN en particulier en ciblant la voie PML, nous avons étudié le devenir de PMLIII lors de l'infection par l'EMCV. Nous avons pu montrer que l'EMCV contrecarre le pouvoir antiviral de PMLIII en induisant sa dégradation par un processus dépendant du protéasome et de SUMO.

A des temps précoces, l'infection par l'EMCV induit le transfert de PML du nucléoplasme vers la matrice nucléaire et sa conjugaison aux différents paralogues de SUMO.

Nous avons montré par immunofluorescence que l'EMCV induit deux heures post-infection la formation de gros corps PMLIII et à des temps plus tardifs leur disparition. L'analyse par western blot a révélé qu'à des temps précoces (2h), l'EMCV induit le transfert de PML du nucléoplasme vers la matrice nucléaire. Ce transfert est observé non seulement dans les cellules qui surexpriment PMLIII mais aussi dans les cellules traitées à l'IFN. En effet, l'EMCV augmente la conjugaison de PMLIII à SUMO1, SUMO2 et SUMO3 ce qui explique l'augmentation de la taille des CN PMLIII.

A des temps tardifs, l'EMCV induit la dégradation de PMLIII par un processus dépendant du protéasome

L'analyse par western blot a montré que l'infection par l'EMCV induit une diminution de la protéine de PMLIII détectable 4 h post-infection sans altération de son ARNm. Ces résultats montrent que la diminution du niveau de PMLIII lors de l'infection n'est pas due à un phénomène transcriptionnel.
Pour déterminer l'effet de l'EMCV sur PML endogène, les cellules U373 MG ont été traitées à l'IFN pendant 24h puis infectées par l'EMCV. Différentes isoformes de PML dérivant par épissage alternatif d'un gène unique sont augmentées en réponse à l'IFN et ont un PM compris entre 70 et 130 kDa. L'infection par l'EMCV induit une diminution du niveau de PML dans les cellules traitées par l'IFN avec apparition d'une bande de PM apparent de 60 kDa. Pour savoir si l'expression d'autres protéines associées aux CN et/ou induites par l'IFN est aussi affectée, le même blot a été hybridé à des anticorps anti-Sp100, anti-Stat1 ou anti-PKR. Dans les cellules U373 MG, l'IFN induit l'expression de Stat1, PKR et de différentes isoformes de Sp100 avec des PM apparents compris entre 80 à 130 kDa. L'infection par l'EMCV ne semble pas diminuer le niveau de Sp100, Stat1 ou PKR.
Ces résultats montrent que l'infection par l'EMCV cause la diminution de la protéine PML sans affecter la protéine associée aux CN, Sp100, ni d'autres protéines induites par l'IFN comme PKR ou Stat1.
De plus, l'EMCV n'induit pas la diminution de PMLIII en présence d'époxomycine, suggérant que l'EMCV induit la dégradation de PMLIII par un processus dépendant du protéasome.

L'EMCV induit la dégradation de PMLIII par un processus dépendant du domaine RING, de la région C-terminale et de sa conjugaison à SUMO.

Pour déterminer les domaines de PML impliqués dans ce phénomène, les cellules CHO-PMLIII et les cellules CHO exprimant en stable les différents mutants de PML (tronqué en région C-terminale par introduction d'un codon Stop (PMLIII Stop504) et le mutant du RING (PML Cys57, 60)) ont été infectées à une MOI de 5 pendant 8 h. Les extraits ont été analysés en Western Blot à l'aide d'un anticorps anti-PML et anti-Actine. L'infection par l'EMCV diminue l'expression du PMLIII (641 a.a.) alors qu'elle n'affecte pas celles des mutants de PML dans le RING ou des mutants de la région C-terminale. Ces résultats indiquent que le RING ainsi que la région C-terminale de PML sont nécessaires pour une diminution de l'expression de PML au cours de l'infection par l'EMCV. Cette dégradation de PMLIII nécessite aussi sa liaison covalente à SUMO mais pas sa liaison non covalente à SUMO (domaine SIM, « sumo-interacting motif »). En effet, le mutant de PMLIII dans les trois lysines qui lient SUMO (PMLIII 3KR) est résistant à la dégradation. De plus la diminution de SUMO par ARN interférence altère la dégradation de PMLIII par l'EMCV.

La protéase virale 3Cpro colocalise avec PMLIII sur les corps nucléaires et induit sa dégradation

Alors que l'EMCV se réplique entièrement dans le cytoplasme, le groupe de Palmenberg a montré que la protéase 3Cpro se retrouve dans le noyau tôt post-infection (Aminev et al., 2003). Nous avons testé l'effet des protéines virales de l'EMCV et nous avons montré que seule l'expression de la protéase 3C (3Cpro) en dehors des autres protéines virales suffit à induire la dégradation de PMLIII. De plus, à des temps précoces suite à l'infection, la protéine virale 3Cpro colocalise avec PML et le composant du protéasome 20S sur les CN.

PML possède une activité antivirale contre l'EMCV

Nous avons montré par Western blot des protéines virales que les cellules dérivées des souris invalidées pour le gène *PML* (MEF PML-/-) sont plus sensibles à l'infection par l'EMCV que les cellules parentales. Cela suggère qu'une autre isoforme de PML autre que PMLIII possède un effet inhibiteur vis-à-vis de ce virus. Le travail mené dans la seconde partie de cette thèse nous a permis de déterminer cette isoforme (PMLIV) et de décortiquer le mécanisme mis en jeu.

Discussion

L'EMCV contrecarre le pouvoir antiviral de PMLIII

De nombreux virus ont élaboré des stratégies très diverses pour échapper à l'action antivirale de l'IFN (pour revues: Chelbi-Alix et al., 2006; Weber, 2007; Weber et al., 2006). Certains virus affectent l'expression de gènes cellulaires de l'hôte comme TFIID, TFIIH, ARNpolII (Poliovirus et VSV, RVFV, Bunyamvera virus), modifient le signal de transduction de l'IFN en diminuant le niveau de IRF-9 (adénovirus), empêchent la phosphorylation de Stat1 (adénovirus), séquestrent Stat1-P dans le cytoplasme (rage), dégradent Jak1 (HCMV) ou encore synthétisent un IRF viral, vIRF, qui entre en compétition avec IRF-1 (HHV-8). D'autres virus peuvent altérer l'expression de protéines induites par l'IFN qui jouent un rôle antiviral telles que la PKR (HHV8, HCV, HIV, adénovirus, EBV, Poliovirus), la 2'5'A synthétase (HSV, HIV, EMCV), IRF-1(HCV) ou PML. Les virus peuvent synthétiser soit des ARN bicaténaires qui séquestrent la PKR (exemples : les ARN-EBER du virus d'Epstein-Barr ; l'ARN-VAI des adénovirus), soit des protéines virales qui entrent en compétition avec la PKR pour la fixation de l'ARN bicaténaire (exemples : la protéine E3 du virus de la vaccine, la protéine s3 des réovirus) ou pour sa liaison avec le substrat eIE2α (exemple : la protéine K3L du virus de la vaccine). Ils peuvent également induire la dégradation de la PKR (poliovirus), sa séquestration par compartimentation (EMCV) ou bloquer son autophosphorylation (protéines tat du VIH1 ou NS5A du virus de l'hépatite C). Le même virus peut agir à plusieurs niveaux et avoir des stratégies redondantes qui amplifient l'efficacité de ses moyens de lutte contre la défense antivirale (Kochs et al., 2007).

Notre équipe a montré que la surexpression de PMLIII permet de résister à l'infection par le VSV, le virus de l'influenza, le HFV mais pas à l'EMCV (Chelbi-Alix et al., 1998).Dans ce travail, nous avons montré que l'EMCV contrecarre le pouvoir antiviral de PMLIII en induisant sa dégradation par un processus dépendent de SUMO et du protéasome (article 1). L'EMCV, dès 2 h post-infection, induit le transfert de PMLIII du nucléoplasme vers la matrice nucléaire et une augmentation de sa conjugaison aux trois paralogues de SUMO. La diminution de l'expression de PMLIII suite à l'infection par l'EMCV est réduite en présence de MG132 ou suite à la déplétion de SUMO par ARN interférence. De plus, le mutant de PMLIII, PMLIII3KR, qui n'est pas sumoylable, est résistant à la dégradation induite par l'EMCV. Nous avons montré que 2 h après infection, la protéase virale 3Cpro est localisée majoritairement dans la matrice nucléaire et qu'elle colocalise avec PMLIII dans les corps nucléaires. De plus l'expression de la 3Cpro seule entraine une diminution de PMLIII. Il serait donc important de montrer que l'expression de la protéase 3C seule peut induire le transfert de PML vers la matrice et sa conjugaison à SUMO. Nous avons montré que la région C-terminale de PMLIII nécessaire à cette diminution, est localisée dans la région comprise entre les acides aminés 504 et 641 suggérant que le site de clivage de la 3Cpro est en aval de 504. Il est connu que la 3Cpro clive au niveau des Q/G, Q/S et des E/S. Le dipeptide Q/G n'est pas présent dans la région C-terminale de PMLIII, par contre les dipeptides Q/S et E/S sont présents à la position 576/577 et 618/619. Il serait intéressant de montrer si ces sites dans la région C-terminale de PMLIII sont une cible de clivage de la 3Cpro.

Ces résultats montrent pour la première fois qu'un autre agent outre l'arsenic, est capable de déclencher la dégradation de PML via sa sumoylation. Néanmoins, le rôle exact de la protéase virale 3Cpro dans le mécanisme de dégradation de PMLIII par l'EMCV reste à définir.

Dans le cas du poliovirus, l'effet antiviral de p53 qui est dépendant de PMLIII est transitoire car le poliovirus contrecarre l'effet de p53 en induisant le recrutement du composant 20S du protéasome et de MDM2 sur les CN PML. Ceci entraîne la dégradation de p53 par un processus dépendant du protéasome, de MDM2 et de PMLIII. Le rôle de la protéase virale 3Cpro dans cet effet reste à démontrer.

Ces travaux avec l'EMCV et le poliovirus ont montré pour la première fois que l'infection virale induit la sumoylation de PML et que les CN PML peuvent être le siège de modification et de dégradation.

La dégradation de PMLIII par l'EMCV implique sa sumoylation par SUMO1, 2, et 3. Le rôle de la sumoylation a été controversé. Au début de sa découverte, cette modification a été considérée comme permettant de stabiliser les protéines cibles, en empêchant leur dégradation d'une manière dépendante du protéasome. En effet, le peptide SUMO se lie sur les résidus lysines qui dans certains systèmes sont connus pour être la cible de l'ubiquitine et par conséquent, les chercheurs considéraient que la sumoylation et l'ubiquitination seraient deux phénomènes compétitifs. La balance entre la sumoylation et l'ubiquitination serait la conséquence de l'état physiologique de la cellule et du stress impliqué. Deux équipes (Lallemand-Breitenbach et al., 2008; Tatham et al., 2008) ont décortiqué l'implication de la modification par SUMO dans la dégradation de PML et de la protéine de fusion PML-RAR, responsable de la leucémie aiguë promyélocytaire, suite au traitement à l'arsenic. Elles ont montré que l'arsenic augmente la sumoylation de PML, ce qui permet le recrutement de l'E3 ubiquitine ligase RNF4 via ses motifs SIM sur les chaines poly-SUMO. RNF4 va permettre la polyubiquitination de son substrat provoquant sa dégradation. L'implication de RNF4 ou d'une autre ubiquitine ligase dans la dégradation de PMLIII par l'EMCV reste une question ouverte.

D'autres protéines impliquées dans l'immunité innée sont aussi la cible de l'EMCV. En effet, l'équipe de Nadir Mechti et l'équipe de Vincent R. Racaniello (Barral et al., 2009; Papon et al., 2009), ont montré que l'hélicase RIG-I est dégradée suite à l'infection par l'EMCV. RIG-I est connue pour être impliquée dans l'induction de l'expression de l'IFN-I suite à l'infection virale. La dégradation de RIG1 implique la 3Cpro et se fait d'une manière caspase dépendante.

Plusieurs travaux ont mis en évidence la capacité de virus de familles différentes à modifier ou à détruire les CN PML (pour revues : Chelbi-Alix et al., 2006; Everett, 2001; Everett and Chelbi-Alix, 2007; Geoffroy and Chelbi-Alix; Regad and Chelbi-Alix, 2001). Les interactions entre virus à ADN et CN PML ont fait l'objet de plusieurs revues (Everett, 2001; Everett et al., 2007). Les raisons de ces phénomènes ne sont pas claires ; on peut imaginer qu'en désorganisant ces structures, certains virus développent une stratégie pour détourner la machinerie cellulaire à leur profit afin de se multiplier efficacement. Les CN PML seraient également la cible de certains virus pour commencer leur réplication dans le noyau des cellules infectées. Certaines protéines virales s'y accumulent ce qui entraîne une modification de cette structure et sa désorganisation (Tableau 3).

Le cas de la protéine précoce de l'Adénovirus, E4ORF3, indispensable à la réplication virale, est illustratif de cet effet : elle est nécessaire et suffisante pour modifier dans les premières heures de l'infection les CN PML, passant de structures ponctuées à des structures filamenteuses (Puvion-Dutilleul et al., 1995a). Parmi les six isoformes nucléaires de PML, seule PMLII interagit directement et spécifiquement avec E4-ORF3 (Hoppe et al., 2006). De plus quand les différentes isoformes de PML sont exprimées dans des cellules PML-/-, seuls les CN formés par PMLII sont réarrangés par ORF3.

La fréquence du ciblage des CN par les virus suggère que ces domaines possèdent des propriétés antivirales, ou qu'ils sont le siège d'une activité de transcription ou de réplication, que le virus détourne à son profit. L'action des adénovirus est en faveur de cette hypothèse puisqu'ils altèrent la structure des CN. Ils prennent une forme de fibres et la protéine Sp100 est délocalisée et redistribuée vers les corps d'inclusion virale qui correspondent à des sites de réplication de l'ADN viral et de transcription des ARN tardifs (Puvion-Dutilleul et al., 1999).

La protéine E4-ORF3 de l'adénovirus de type 4 est à elle seule responsable de la modification de la structure des CN et colocalise avec PML sur les fibres. Cette altération des CN PML est directement liée à la capacité du virus à se multiplier puisque des mutants de la protéine E4-ORF3 qui n'altèrent plus cette structure, bloquent la réplication virale.

De nombreux virus de la famille des herpesviridae modifient de façon drastique les CN PML dans les cellules infectées (Everett and Chelbi-Alix, 2007). Ce sont les produits des gènes précoces-immédiats qui sont à l'origine de cet effet dont le mécanisme précis reste inconnu et qui s'avère très bénéfique pour le virus. Ainsi, très peu de temps après le début de l'infection, les protéines virales précoces ICP0 du virus HSV-1 et E1 du virus CMV, sont ciblées vers ces structures et les désagrègent intégralement suggérant que les CN PML jouent un rôle important lors du processus de l'infection virale. L'infection par HSV-1 dégrade PML par un processus dépendant du protéasome (Chelbi-Alix and de The, 1999; Everett et al., 1998).

Le virus LMCV (lymphocytic choriomeningitis virus) est un virus à ARN simple brun de polarité négative appartenant à la famille des arénavirus. L'infection par le LCMV modifie la distribution des CN PML. Ces virus se répliquent exclusivement dans le cytoplasme et ont besoin pour des raisons encore inconnues, de la présence du noyau. Dans les cellules infectées, PML est retenue dans le cytoplasme en association directe avec une protéine virale de fonction inconnue, ayant un motif RING, la protéine Z. Cette caractéristique semble être commune aux arénavirus car des résultats similaires ont été obtenus pour le virus Lassa. PML pourrait être un des facteurs nucléaires jouant un rôle dans la réplication de ces virus (Campbell Dwyer et al., 2000; Djavani et al., 2001).

L'infection par le virus de la rage, famille des rhabdovirus, entraîne une modification des CN PML. L'analyse par microscopie confocale a permis de mettre en évidence que ces structures augmentent fortement en taille mais pas en nombre. Des expériences de microscopie électronique ont confirmé cette réorganisation : PML forme normalement un anneau en périphérie des sphères puis se trouve suite à l'infection virale, redistribuée et dispersée à l'intérieur des sphères pour former ainsi des sphères pleines. C'est la phosphoprotéine P et l'un de ces sous-produits, la protéine P3 (Blondel et al., 2002), qui sont responsables de cette réorganisation. L'expression de la protéine P en l'absence d'autres protéines virales conduit à la séquestration de PML dans le cytoplasme où P et PML colocalisent. En revanche, les autres protéines virales N, M, G, L n'ont aucun effet sur les CN PML. P3 présente une distribution nucléaire ponctuée ressemblant à celle de PML. Des cellules co-exprimant les deux protéines présentent une réorganisation des CN PML semblable à celle observée dans les cellules infectées où P3 et PML colocalisent. P et P3 *via* le domaine C-terminal, interagissent directement avec le motif RING de PML (Blondel et al., 2002).

La protéine core de l'HCV interagit avec PMLIV, inhibant la capacité de cette isoforme de PML à induire l'apoptose car elle interfère avec l'activation de p53 et l'induction de ses gènes cibles (Herzer et al., 2005).

Toutes ces données montrent que les virus de différentes familles que ce soit des virus à ADN ou à ARN ont développé des stratégies leur permettant de neutraliser la défense antivirale de l'hôte afin de mieux se répliquer. Dans ce cadre, on remarque que les CN PML, avec les protéines qui les constituent (PML, Sp100 et Daxx), ou certaines protéines recrutées d'une manière transitoire telle que la protéine p53, sont une cible privilégiée de virus de familles différentes. Ceci témoigne de l'importance de ces structures dans l'immunité antivirale. Cependant le rôle de la sumoylation que ce soit dans la défense antivirale, ou bien dans l'échappement du pathogène à cette défense reste à éclaircir.

Tableau 3. Altération des CN PML par les virus

Virus	Cibles	Mécanismes d'action	Références
Adénovirus	PMLII	E4-ORf3 désagrège les CN	(Hoppe et al., 2006)
VZV	PML	ORF61 interagit avec les CN PML et les désagrège	(Wang et al, 2011)
HSV-1	PML Sp100	ICP0 délocalise PML et Sp100 des CN et induit leur dégradation	(Chelbi-Alix and de The, 1999; Everett et al., 1998)
KSHV	PML	LANA2 désagrège PML des CN PML et induit sa dégradation protéasome dépendante	(Marcos-Villar et al, 2011)
HCMV	PML	IE1 désagrège les CN PML et entraîne une modification SUMO1 réduite de PML	(Korioth et al, 1996; Ahn and Hayward, 1997; Muller and Dejean, 1999)
EBV	PML	EBNA5 colocalise avec les CN PML	(Szekely et al., 1996)
		BZLF1 désagrège les CN PML	(Bell et al., 2000)
		PML E7 circonvient la sénescence induite par PML	(Bischof et al., 2005)
Papillomavirus	PML	L2 colocalise avec les CN PML et PML recrute L1 et E2. E6 circonvient la senescence induite par PMLIV	(Day et al., 1998) (Guccione et al., 2004)
HDV	PML	L-HDAg altére les CN PML	(Bell et al., 2000)
HCV	PMLIV	Le core de HCV inhibe l'apoptose induite par PMLIV	(Herzer et al., 2005)
LCMV	PML	La protéine Z délocalise PML des CN vers le cytoplasme	(Borden et al., 1998)
Virus de la rage	PMLIII	La protéine P délocalise PML des CN vers le cytoplasme	(Blondel et al., 2002)
EMCV	PMLIII	Dégradation de PMLIII par un processus dépendant de SUMO et du protéasome	(El McHichi et al., 2010)

2. PMLIV inhibe le virus de l'encéphalomypcardite en séquestrant la polymérase 3Dpol dans les corps nucléaires PML

PML est l'organisatrice de structures associées à la matrice nucléaire dénommées corps nucléaires PML. La conjugaison de PML à SUMO est nécessaire pour la formation de ces structures. Plusieurs isoformes de PML (PMLI-PMLVII) dérivent d'un gène unique par épissage alternatif de la région C-terminale. Toutes les isoformes ont en commun la région N-terminale qui contient le motif RBCC (RING-B-boxes-coiled-coil) mais diffèrent dans la région C-terminale. Cette diversité dans la région C-terminale détermine les fonctions spécifiques de chaque isoforme. De plus le promoteur du gène codant pour PML contient les deux éléments de réponse à l'IFN de type I (ISRE) et de type II (GAS). L'induction par l'IFN du gène *PML* est directe et aboutit à l'augmentation de l'expression de différentes isoformes de PML et à une augmentation du nombre et de taille des corps nucléaires PML.

Il y a de plus en plus d'évidence impliquant PML dans la défense antivirale et révélant différentes stratégies par les quelles PML inhibe la production virale. Nous avons montré que les cellules dérivées de souris invalidées pour le gène de PML sont plus sensibles à l'infection par l'EMCV que les cellules parentales. Il était donc important de déterminer les isoformes responsables de cette résistance et leur implication dans la réponse antivirale aux interférons lors de l'infection par ce virus.

Seule l'isoforme IV de PML protège contre l'infection par l'EMCV

Pour déterminer la ou les isoformes de PML permettant d'inhiber l'EMCV, nous avons surexprimé en stable chacune de ces isoformes (PMLI – PMLVII) dans les cellules humaines U373MG. Nous avons montré que lors de l'infection par l'EMCV, seule PMLIV est capable d'inhiber l'expression des protéines virales. Ce pouvoir antiviral n'est pas observé avec les autres isoformes nucléaires (I, II, III, V et VI) ou avec l'isoforme cytoplasmique VII. Plus précisément, nous avons montré que l'expression de PMLIII inhibe faiblement l'expression des protéines virales. En fait nous avons montré précédemment (El McHichi et al., 2010) que l'EMCV induit la dégradation de PMLIII par un processus dépendant de SUMO et du protéasome. Ceci suggère que le pouvoir antiviral de PMLIII est contrecarré lors de l'infection virale par protéolyse. En revanche, le niveau de PMLIV reste constant durant l'infection par l'EMCV.

PMLIV inhibe l'EMCV à forte MOI en bloquant sa réplication.

Afin de voir si PMLIV possède une forte activité antivirale contre l'EMCV, les cellules contrôles (U373MG-EV), U373MG- PMLIII et U373MG-PMLIV ont été infectées par le virus à une MOI de 1. Nous avons montré par western blot et par mesure des titres viraux que contrairement à PMLIII et les cellules contrôles, le virus est fortement inhibé en présence de PMLIV. En effet, aucune protéine virale n'est détectée en western blot. Contrairement aux cellules contrôles et à celles exprimant PMLIII, les cellules exprimant PMLIV sont protégées de la lyse induite par l'EMCV

Pour comprendre à quel niveau du cycle réplicatif du virus se fait cette inhibition, nous avons déterminé le taux des ARN viraux par PCR quantitative dans les cellules U373MG-EV et U373MG-PMLIV. Pour cela, nous avons amplifié avec des amorces spécifiques la région génomique correspondant à la polymérase virale (3Dpol) et nous avons trouvé que ces ARN viraux sont inhibés dans les cellules exprimant PMLIV en comparaison avec les cellules exprimant le vecteur vide. Cela montre que PMLIV inhibe la réplication virale.

Ce pouvoir antiviral est aussi observé avec une autre variante de PMLIV (PMLIVa) dépourvue de l'exon 5 mais qui possède la même extrémité C-terminale. Nous avons exprimé en stable PMLIVa dans deux lignées cellulaires (U373MG et CHO) et nous avons montré que PMLIVa a un pouvoir antiviral similaire à celui de PMLIV.

De même nous avons montré que les cellules qui expriment PMLIV ne produisent pas plus d'interféron que les cellules contrôles suite à l'infection par l'EMCV ce qui indique que PMLIV a un pouvoir antiviral intrinsèque qui n'est pas dû à une augmentation de synthèse de l'IFN lors de l'infection par l'EMCV.

PMLIV interagit avec la polymérase virale (3Dpol) et la séquestre au sein des corps nucléaires-PMLIV.

La réplication de l'EMCV se fait dans le cytoplasme de la cellule hôte. Néanmoins, l'ARN polymérase (3Dpol) transloque dans le noyau suite à l'infection et présente un aspect ponctuée ressemblant aux corps PML (Aminev et al., 2003). Ceci nous a conduit à tester une éventuelle interaction entre PMLIV et la polymérase virale. Nous avons montré par immunofluorescence que PMLIV colocalise parfaitement avec la 3Dpol dans le noyau. Nous avons aussi mis en évidence par co-immunoprécipitation cette interaction entre PMLIV et la 3Dpol. Aucune des autres isoformes de PML n'est capable de recruter la 3Dpol sur les corps nucléaires. Ceci démontre la spécificité de PMLIV à interagir et à recruter la 3Dpol au niveau des corps nucléaires. PMLIV se distingue des autres isoformes par la présence dans son extrémité C-terminale de deux exons 8a et 8b. Nous avons exprimé dans les cellules U373MG les mutants de PMLIV tronqués au niveau de ces deux exons et nous avons montré que ces mutants ne sont plus capables de séquestrer la 3Dpol dans les corps nucléaires et d'inhiber la multiplication de l'EMCV.

La sumoylation de PMLIV est requise pour son activité antivirale contre l'EMCV

On a voulu savoir par la suite si la sumoylation de PML est nécessaire à son pouvoir antiviral contre l'EMCV. Pour cela, nous avons surexprimé dans les cellules U373MG le mutant de PMLIV dans lequel les trois sites de conjugaison à SUMO (K60, K160 et K460), sont mutés (PMLIV3KR) et nous avons testé sa capacité à inhiber le virus. D'une manière intéressante, ce mutant était comme les cellules contrôles incapable d'inhiber l'expression des protéines virales et de conférer la résistance à l'EMCV. Cela montre que la conjugaison de PMLIV à SUMO est requise pour son pouvoir antiviral. Nous avons alors regardé si PMLIV3KR peut interagir avec la polymérase virale 3Dpol. Ce mutant est incapable de le faire. Ces résultats montrent que PMLIV inhibe la réplication de l'EMCV via la séquestration de la polymérase 3Dpol au sein des corps nucléaire PML.

PML est médiateur de la réponse antivirale à l'interféron dirigée contre l'EMCV

Par la suite avons cherché à montrer l'implication de PMLIV dans la réponse anti-EMCV de l'IFN. Pour cela, nous avons diminué le niveau d'expression de PMLIV, de PMLIII ou de toutes les isoformes de PML par siRNA dans les cellules traitées à l'IFN. Contrairement à PMLIII, la diminution de l'expression de toutes les isoformes de PML et celle de PMLIV sont accompagnées par une augmentation de la production virale à un niveau comparable. Cela montre que d'une part PML joue un rôle dans la réponse antivirale aux IFN lors de l'infection par l'EMCV et que d'autre part, cette réponse implique principalement PMLIV ce qui confirme les précédents résultats de ce présent travail.

DISCUSSION

Pouvoir anti-EMCV de quelques produits de gènes induits par l'IFN

L'IFN induit plus de trois cents protéines dont les fonctions sont loin d'être toutes élucidées. Certaines confèrent la résistance aux picornavirus. Il a longtemps été admis que la majorité des effets antiviraux de l'IFN était due à 3 voies majeures : la RNA-dépendante protéine kinase (PKR), le système 2-5A synthétase/RNase L et les protéines Mx. Cependant, des souris triples déficientes pour ces trois voies (RNase L, PKR et Mx) sont encore capables de développer après traitement par l'IFN une protection contre l'infection par des virus à ARN dont l'EMCV (Zhou et al., 1999) prouvant l'existence d'autres protéines médiatrices de l'effet antiviral de l'IFN. En effet, des travaux plus récents ont révélé d'autres médiateurs de l'IFN qui confèrent la résistance à l'EMCV telles que ISG20, TRIM 22 et PML (Eldin et al., 2009; Espert et al., 2005a; Maroui et al., 2011) (Tableau 4).

La voie 2'5'A synthétase/RNaseL

L'unique rôle connu des 2'5'A est l'activation d'une endoribonucléase constitutive, la RNase L, qui dégrade uniquement, mais sans spécificité, les ARN simple brin et conduit ainsi à l'inhibition de la synthèse protéique. Des souris invalidées pour le gène de la RNase L (RNase L -/-) sont plus sensibles à l'infection par l'EMCV, démontrant ainsi le rôle antiviral du système 2'5'A/RNase L in vivo (Zhou et al., 1997). La surexpression de la 2'5'A synthétase confère une résistance aux virus à ARN de la famille des picornavirus tels que l'EMCV ou le Mengo (Chebath et al., 1987b; Coccia et al., 1990). L'inhibition de la production virale est élevée et est d'environ de 3 logs.

La PKR

La surexpression de la PKR protège les cellules en culture contre l'infection par l'EMCV (Meurs et al., 1992). Cependant, comparée à la 2'5'A synthétase, l'inhibition de la production virale est plus faible, elle est d'environ 1 log. Inversement, l'expression d'un dominant négatif ou d'un ARN antisens de la PKR diminue l'effet protecteur de l'IFN au cours de l'infection par l'EMCV (Der and Lau, 1995).

Il est intéressant de noter que les picornavirus ont élaboré des stratégies permettant d'échapper à l'action de la PKR. Le poliovirus induit la dégradation de la PKR et l'EMCV sa séquestration par compartimentation (Black et al., 1989; Dubois and Hovanessian, 1990).

ISG20

ISG20 possède in vitro une activité exonucléase 3'→5', spécifique de substrats simple brin à extrémité 3' libre, et possède des propriétés antivirales contre certains virus à ARN (Espert et al., 2003; Nguyen et al., 2001b). En effet, des cellules qui surexpriment cette protéine sont moins sensibles à l'infection par l'EMCV (Espert et al., 2005a). De telles propriétés antivirales semblent être associées à la fonction exonucléase de la protéine puisque des mutants d'ISG20 dans un des trois domaines " exonucléases " n'ont plus de propriété antivirale et présentent même un effet dominant négatif sur l'activité de la protéine endogène (Espert et al., 2003; Espert et al., 2004). ISG20 pourrait aussi agir indirectement sur des facteurs cellulaires requis pour la réplication virale ou la transcription. A ce jour, l'identification des cibles d'ARN cellulaire de ISG20 représente un enjeu important dans la compréhension des mécanismes d'actions antiviraux de cette protéine (Degols et al., 2007).

TRIM22

La surexpression de TRIM22 protège les cellules HeLa de l'infection par l'EMCV. TRIM 22 est une E3 ubiquitine ligase et son pouvoir antiviral nécessite son domaine RING-finger (Eldin et al., 2009). TRIM 22 interagit avec de la protéase virale 3Cpro et induit son ubiquitination. Ce pouvoir antiviral n'est pas observé dans les cellules HeLa qui expriment les deux formes tronquées TRIM22Nter et TRIM22Cter. Ceci suggère que l'activité antivirale de TRIM22 est donc rigoureusement dépendante de l'intégrité de son activité E3 ubiquitine ligase (TRIM22Nter) et de son interaction avec la 3Cpro (TRIM22Cter) (Eldin et al., 2009). Ces travaux suggèrent que le pouvoir anti-EMCV de TRIM22 pourrait être médié par l'ubiquitination de la protéase virale 3Cpro.

PML: PMLIV confère la résistance à l'EMCV

Très récemment, nous avons montré que les cellules dérivées de souris invalidées pour le gène *PML* sont plus sensibles à l'infection par l'EMCV que les cellules parentales (article 1). Cependant, les isoformes impliquées dans cette défense antivirale ainsi que le mécanisme d'action restaient inconnus.

Comme nous l'avons mentionné dans l'introduction, sept isoformes de PML (I-VII) dérivent d'un gène unique par épissage alternatif et diffèrent dans leur région C-terminale. La surexpression en stable de toutes les isoformes de PML nous a permis de montrer que seule PMLIV inhibe la synthèse virale de l'ARN et des protéines, protège les cellules de la lyse cellulaire et inhibe la production virale de 3 logs (article 2). La conjugaison de PML à SUMO qui est requise pour la formation des CN, est aussi nécessaire pour ce pouvoir antiviral. Comment PMLIV bloque la réplication virale alors que l'EMCV se réplique dans le cytoplasme ? Le laboratoire de Palmenberg (Aminev et al., 2003) avait montré que la polymérase virale 3D se retrouve dans le noyau très rapidement après infection. Nous avons montré que PMLIV interagit spécifiquement avec la polymérase virale 3D et la séquestre dans les CN PML. De plus, la région C-terminale spécifique de PMLIV est requise pour l'interaction avec la 3Dpol et pour le pouvoir antiviral. Très récemment, une étude réalisée avec les isoformes nucléaires de PML et le VZV (varicella zooster virus), un alphaherpesvirus, membre de la famille des virus à ADN qui se réplique dans le noyau, a montré que la surexpression de PMLIV inhibe aussi la réplication de ce virus par séquestration de la nucléocapside ORF23 dans les CN PML (Reichelt et al., 2011). Ce pouvoir anti-VZV nécessite aussi la région C-terminale de PMLIV. Ainsi donc, la fonction antivirale spécifique de PMLIV vis à vis de l'EMCV ou du VZV est associée à sa capacité de séquestrer des protéines virales cruciales pour la production de ces virus. Ceci suggère que les CN PMLIV jouent un rôle de défense antivirale intrinsèque lors de l'infection par des virus à ARN ou à ADN.

Dans ce travail, nous avons révélé un nouveau mécanisme de défense antivirale, par lequel PMLIV, via sa région spécifique C-terminale, inhibe la réplication virale dans le cytoplasme en séquestrant la 3D polymérase dans les CN PML. Cette séquestration au sein des CN PML pourrait inhiber les fonctions de la polymérase virale, ce qui a pour conséquence l'inhibition de la synthèse des ARN et de la multiplication virale. Ce travail montre pour la première fois qu'une isoforme spécifique de PML, PMLIV, contribue à la défense antivirale vis à vis d'un virus à ARN qui se réplique dans le cytoplasme en interagissant avec la polymérase virale. Fait remarquable, la déplétion de l'expression PMLIV par ARN interférence diminue le pouvoir anti-EMCV de l'IFN suggérant que PMLIV est une des protéines médiatrice de l'IFN lors de l'infection par l'EMCV.

Il serait intéressant de monter si PMLIV a la capacité d'inhiber le poliovirus qui est comme l'EMCV, un virus de la famille des picornaviridae. Le cycle de multiplication du poliovirus, comme celle de l'EMCV, se déroule intégralement dans le cytoplasme. Notre équipe a montré que PMLIII dans un contexte p53 inactive ne confère pas de résistance à ce virus (Pampin et al., 2006). Par contre, l'infection par le poliovirus induit des modifications post-traductionnelles de PML et un grossissement des CN PML. Dès 30 min après infection, PML est phosphorylée *via* la voie ERK, ce qui conduit à la sumoylation de PML (1h après infection) et à son transfert du nucléoplasme vers la matrice nucléaire. La sumoylation de PML suite à l'infection par le poliovirus n'ayant pas lieu si les cellules sont incubées en présence d'inhibiteur de la voie ERK, la phosphorylation de PML doit être un prérequis à sa sumoylation durant l'infection. Ces événements induisent le recrutement de p53 sur les CN PML et sa phosphorylation en sérine 15. Suite à l'infection par le poliovirus, la forme phosphorylée de p53 colocalise avec PML sur les CN. Cette phosphorylation de p53 est complètement dépendante de l'expression PML, car elle n'a pas lieu quand l'expression de PML est diminuée par ARN interférence.

L'infection par le poliovirus des cellules p53 sauvage active l'expression des gènes cibles de p53 (*MDM2* et *Noxa*). Cet effet est fortement augmenté quand les cellules sont transfectées par un plasmide exprimant PMLIII. Inversement, ces gènes cibles de p53 ne sont pas activés dans les cellules infectées quand l'expression endogène de PML est diminuée par ARN interférence. L'activation des gènes cibles de p53 aboutit à l'induction de l'apoptose dans les cellules infectées et à l'inhibition de la réplication virale. La diminution de l'expression de PML ou de p53 par ARN interférence aboutit à une plus forte réplication virale.

Ces travaux ont montré pour la première fois que l'infection virale induit la sumoylation de PML et que les CN PML peuvent être le siège de modification de p53 et de dégradation.

Il serait intéressant de montrer si PMLIII confère la résistance à l'EMCV dans un contexte p53 sauvage.

Plusieurs travaux ont décrit les effets inhibiteurs de PML vis à vis de virus à ARN ou à ADN (Everett, 2001; Everett and Chelbi-Alix, 2007; Geoffroy and Chelbi-Alix; Regad and Chelbi-Alix, 2001). Si on focalise sur les virus à ARN, PMLIV inhibe le virus de la rage (Rhabdovirus), PMLIII permet de résister à l'infection par le VSV (Rhabdovirus), le virus de l'influenza (Paramyxovirus) et le virus foamy, HFV (un rétrovirus complexe) (Chelbi-Alix et al., 1998; Regad et al., 2001). Ce pouvoir antiviral de ces isoformes de PML est indépendant de p53 puisqu'il est observé dans des cellules où p53 est inactive. Le mécanisme par lequel PML inhibe le VSV, le virus de l'influenza, le virus de la rage est inconnu, par contre celui du HFV a été élucidé. Dans le cas du HFV, PML confère la résistance virale en interagissant directement avec le transactivateur viral Tas inhibant ses fonctions (Regad et al., 2001). Ainsi donc, la génération à partir d'un gène unique de plusieurs isoformes de PML ayant différentes régions C-terminales pourrait fournir à la cellule hôte un mécanisme de défense vis à vis des virus à ARN de familles différentes. Comprendre le rôle spécifique de chacune des isoformes dans les diverses fonctions de PML serait d'une grande importance dans les prochaines études.

Tableau 4. Isoformes de PML conférant la résistance aux virus à ADN et ARN

Isoforme	Virus	Mécanisme	Protéine	Références
cPML1b	HSV-1	Séquestration de ICP0 dans le cytoplasme	ICP0	(McNally et al., 2008)
PMLIII	Influenza	Inhibition de la production virale		(Chelbi-Alix et al., 1998)
	VSV	Inhibition de transcription		(Chelbi-Alix et al., 1998)
	HFV	Inhibition de transcription	Tas	(Regad et al., 2001)
PMLIV	Poliovirus	Activation de p53 et apoptose		(Pampin et al., 2006)
	Virus de la rage	Inhibition de transcription		(Blondel et al., 2010)
	VZV	Inhibition de l'assemblage	ORF23	(Reichelt et al., 2011)
	EMCV	Inhibition de la réplication Séquestration de la 3Dpol dans les CN	3Dpol	(Maroui et al., 2011)
	Influenza	Inhibition de la production virale		(Iki et al., 2005)
PMLVI	HCMV	Inhibition de l'expression des gènes viraux		(Tavalai et al., 2008)
	Influenza	Inhibition de la production virale		(Iki et al., 2005)

CONCLUSION GÉNÉRALE

Suite à une infection virale, l'organisme réagit par la production d'interféron. Ces cytokines constituent la première ligne de défense antivirale de l'hôte pour lutter contre le pathogène. L'activité antivirale de l'interféron est médiée par un arsenal d'effecteurs dotés de propriétés différentes ce qui permet de cibler différentes étapes du cycle infectieux du virus à savoir l'entré, la réplication, ou la synthèse des protéines virales. Cependant, les virus ont développé à leur tour, différentes stratégies leur permettant de contrer ce pouvoir antiviral et de se répliquer facilement. Ainsi comme nous l'avons vu dans la première partie des résultats de ce travail, l'EMCV qui est connu pour avoir une réplication cytoplasmique est capable de dégrader la protéine PMLIII dans le noyau des cellules infectées, probablement pour neutraliser son pouvoir antiviral. Cette dégradation est médiée par la protéase 3C pro du virus qui se trouve localisée dans le noyau rapidement suite à l'infection. La dégradation de PML fait intervenir sa conjugaison à SUMO et le recrutement de la sous unité 20S du protéasome au niveau des corps nucléaires. Cependant, le rôle exact de la 3Cpro dans l'augmentation de la sumoylation de PML et dans sa dégradation par le protéasome reste à éclaircir. S'agit-il d'une SUMO ligase qui cible PML pour sumoylation, et si oui, est ce qu'il y a intervention de l'ubiquitine ligase RNF4, connue pour être spécifique de PML pour son ubiquitination suivie de sa dégradation? Toutes ces questions méritent des réponses pour bien comprendre ce mécanisme d'altération de PML par l'EMCV.

D'un autre côté, les résultats de la deuxième partie de cette thèse, montrent que la surexpression de l'isoforme IV de PML bloque la production de l'EMCV dans la cellule par la séquestration de la polymérase virale 3Dpol dans les corps nucléaires empêchant ainsi la réplication virale dans le cytoplasme. Ce phénomène est également dépendant de la sumoylation de PMLIV. Dans les deux cas, soit la dégradation de PMLIII suite à l'infection par l'EMCV, soit l'inhibition de la multiplication de ce virus dans les cellules sur-exprimant PMLIV, la sumoylation de PML serait la clé de ces deux phénomènes. Par conséquent, la machinerie SUMO serait à la fois une solution et un problème pour la cellule et par conséquent pour l'hôte d'où l'intérêt de bien comprendre le rôle de cette modification post-traductionnelle au cours de l'infection virale. Ainsi, il serait intéressant d'étudier le devenir de PMLIII suite à l'infection par l'EMCV dans un contexte cellulaire p53 sauvage pour voir s'il n'existe pas une résistance à l'infection qui serait dépendante de p53 comme dans le cas du poliovirus (Pampin et al., 2006). De plus, ces résultats confirment la spécificité de l'extrémité C-terminale de PMLIV requise pour l'interaction avec la 3Dpol. Notre équipe a montré que la surexpression de PMLIV inhibe également le poliovirus (résultat non publié). Il serait ainsi intéressant de voir s'il s'agit de la même stratégie utilisée par PMLIV pour inhiber ce virus qui appartient aussi à la famille des picornaviridae tout comme l'EMCV. Parallèlement, il serait intéressant d'étudier le devenir de PMLIII suite à l'infection par le poliovirus et ainsi vérifier si les effets, que nous avons eus avec l'EMCV sont spécifiques à ce virus ou au contraire, sont aussi présents avec d'autres virus de la même famille étant donné la ressemblance entre ces virus tant sur le plan structural que sur le plan fonctionnel de leurs protéines. De plus, l'expression en stable de PMLIV dans des cellules invalidées pour le gène *PML* nous permettra de savoir si elle a besoin ou pas des autres isoformes de PML pour son pouvoir antiviral contre l'EMCV. Dans le présent travail, nous avons mis en évidence un nouveau mécanisme de défense antivirale intrinsèque de PMLIV et nous avons montré par ARN interférence dirigé contre cette isoforme, qu'elle est aussi un médiateur antiviral de l'interféron contre l'infection par l'EMCV. Par conséquent, l'étude du rôle de PML dans la réponse interféron contre d'autres virus tel que le poliovirus parait d'un grand intérêt.

Références bibliographiques

A

Ablasser, A., Bauernfeind, F., Hartmann, G., Latz, E., Fitzgerald, K. A. and Hornung, V. (2009). RIG-I-dependent sensing of poly(dA:dT) through the induction of an RNA polymerase III-transcribed RNA intermediate. *Nat Immunol* 10, 1065-72.

Accola, M. A., Huang, B., Al Masri, A. and McNiven, M. A. (2002). The antiviral dynamin family member, MxA, tubulates lipids and localizes to the smooth endoplasmic reticulum. *J Biol Chem* 277, 21829-35.

Ahn, J. H. and Hayward, G. S. (1997). The major immediate-early proteins IE1 and IE2 of human cytomegalovirus colocalize with and disrupt PML-associated nuclear bodies at very early times in infected permissive cells. *J Virol* 71, 4599-613.

Alexopoulou, L., Holt, A. C., Medzhitov, R. and Flavell, R. A. (2001). Recognition of double-stranded RNA and activation of NF-kappaB by Toll-like receptor 3. *Nature* 413, 732-8.

Aminev, A. G., Amineva, S. P. and Palmenberg, A. C. (2003). Encephalomyocarditis virus (EMCV) proteins 2A and 3BCD localize to nuclei and inhibit cellular mRNA transcription but not rRNA transcription. *Virus Res* 95(1-2), 59-73.

Aminev, A. G., Amineva, S. P. and Palmenberg, A. C. (2003). Encephalomyocarditis viral protein 2A localizes to nucleoli and inhibits cap-dependent mRNA translation. *Virus Res* 95, 45-57.

Andersson, I., Bladh, L., Mousavi-Jazi, M., Magnusson, K. E., Lundkvist, A., Haller, O. and Mirazimi, A. (2004). Human MxA protein inhibits the replication of Crimean-Congo hemorrhagic fever virus. *J Virol* 78, 4323-9.

Ank, N., West, H. and Paludan, S. R. (2006). IFN-lambda: novel antiviral cytokines. *J Interferon Cytokine Res* 26, 373-9.

Arendt, C. S. and Hochstrasser, M. (1997). Identification of the yeast 20S proteasome catalytic centers and subunit interactions required for active-site formation. *Proc Natl Acad Sci U S A* 94, 7156-61.

Arguello, M. D. and Hiscott, J. (2007). Ub surprised: viral ovarian tumor domain proteases remove ubiquitin and ISG15 conjugates. *Cell Host Microbe* 2, 367-9.

Arnold, E., Luo, M., Vriend, G., Rossmann, M. G., Palmenberg, A. C., Parks, G. D., Nicklin, M. J. and Wimmer, E. (1987). Implications of the picornavirus capsid structure for polyprotein processing. *Proc Natl Acad Sci U S A* 84(1), 21-25.

B

Banchereau, J. and Pascual, V. (2006). Type I interferon in systemic lupus erythematosus and other autoimmune diseases. *Immunity* 25, 383-92.

Barbalat, R., Lau, L., Locksley, R. M. and Barton, G. M. (2009). Toll-like receptor 2 on inflammatory monocytes induces type I interferon in response to viral but not bacterial ligands. *Nat Immunol* 10, 1200-7.

Barber, G. N. (2011). Cytoplasmic DNA innate immune pathways. *Immunol Rev* 243, 99-108.

Barber, G. N. (2011). STING-dependent signaling. *Nat Immunol* 12, 929-30.

Barr, S. D., Smiley, J. R. and Bushman, F. D. (2008). The interferon response inhibits HIV particle production by induction of TRIM22. *PLoS Pathog* 4, e1000007.

Barral, P. M., Sarkar, D., Fisher, P. B. and Racaniello, V. R. (2009). RIG-I is cleaved during picornavirus infection. *Virology* 391, 171-6.

Bauer, S., Kirschning, C. J., Hacker, H., Redecke, V., Hausmann, S., Akira, S., Wagner, H. and Lipford, G. B. (2001). Human TLR9 confers responsiveness to bacterial DNA via species-specific CpG motif recognition. *Proc Natl Acad Sci U S A* 98, 9237-42.

Beignon, A. S., McKenna, K., Skoberne, M., Manches, O., DaSilva, I., Kavanagh, D. G., Larsson, M., Gorelick, R. J., Lifson, J. D. and Bhardwaj, N. (2005). Endocytosis of HIV-1 activates plasmacytoid dendritic cells via Toll-like receptor-viral RNA interactions. *J Clin Invest* 115, 3265-75.

Belgnaoui, S. M., Paz, S. and Hiscott, J. (2011). Orchestrating the interferon antiviral response through the mitochondrial antiviral signaling (MAVS) adapter. *Curr Opin Immunol* 23, 564-72.

Bell, P., Lieberman, P. M. and Maul, G. G. (2000). Lytic but not latent replication of epstein-barr virus is associated with PML and induces sequential release of nuclear domain 10 proteins. *J Virol* 74, 11800-10.

Ben-Chetrit, E., Fox, R. I. and Tan, E. M. (1990). Dissociation of immune responses to the SS-A (Ro) 52-kd and 60-kd polypeptides in systemic lupus erythematosus and Sjogren's syndrome. *Arthritis Rheum* 33, 349-55.

Benedict, C. M., Ren, L. and Clawson, G. A. (1995). Nuclear multicatalytic proteinase alpha subunit RRC3: differential size, tyrosine phosphorylation, and susceptibility to antisense oligonucleotide treatment. *Biochemistry* 34, 9587-98.

Ben-Saadon, R., Fajerman, I., Ziv, T., Hellman, U., Schwartz, A. L. and Ciechanover, A. (2004). The tumor suppressor protein p16(INK4a) and the human papillomavirus oncoprotein-58 E7 are naturally occurring lysine-less proteins that are degraded by the ubiquitin system. Direct evidence for ubiquitination at the N-terminal residue. *J Biol Chem* 279, 41414-21.

Bernardi, R. and Pandolfi, P. P. (2007). Structure, dynamics and functions of promyelocytic leukaemia nuclear bodies. *Nat Rev Mol Cell Biol* 8, 1006-16.

Bernardi, R., Papa, A. and Pandolfi, P. P. (2008). Regulation of apoptosis by PML and the PML-NBs. *Oncogene* 27, 6299-312.

Bernardi, R., Scaglioni, P. P., Bergmann, S., Horn, H. F., Vousden, K. H. and Pandolfi, P. P. (2004). PML regulates p53 stability by sequestering Mdm2 to the nucleolus. *Nat Cell Biol* 6, 665-72.

Bieniasz, P. D. (2003). Restriction factors: a defense against retroviral infection. *Trends Microbiol* 11, 286-91.

Billiau, A. (2006). Interferon: the pathways of discovery I. Molecular and cellular aspects. *Cytokine Growth Factor Rev* 17, 381-409.

Bischof, O., Nacerddine, K. and Dejean, A. (2005). Human papillomavirus oncoprotein E7 targets the promyelocytic leukemia protein and circumvents cellular senescence via the Rb and p53 tumor suppressor pathways. *Mol Cell Biol* 25, 1013-24.

Black, T. L., Safer, B., Hovanessian, A. and Katze, M. G. (1989). The cellular 68,000-Mr protein kinase is highly autophosphorylated and activated yet significantly degraded during poliovirus infection: implications for translational regulation. *J Virol* 63, 2244-51.

Blasius, A. L., Arnold, C. N., Georgel, P., Rutschmann, S., Xia, Y., Lin, P., Ross, C., Li, X., Smart, N. G. and Beutler, B. (2010). Slc15a4, AP-3, and Hermansky-Pudlak syndrome proteins are required for Toll-like receptor signaling in plasmacytoid dendritic cells. *Proc Natl Acad Sci U S A* 107, 19973-8.

Blomstrom, D. C., Fahey, D., Kutny, R., Korant, B. D. and Knight, E., Jr. (1986). Molecular characterization of the interferon-induced 15-kDa protein. Molecular cloning and nucleotide and amino acid sequence. *J Biol Chem* 261, 8811-6.

Blondel, D., Kheddache, S., Lahaye, X., Dianoux, L. and Chelbi-Alix, M. K. (2010). Resistance to rabies virus infection conferred by the PMLIV isoform. *J Virol* 84, 10719-26.

Blondel, D., Regad, T., Poisson, N., Pavie, B., Harper, F., Pandolfi, P. P., De The, H. and Chelbi-Alix, M. K. (2002). Rabies virus P and small P products interact directly with PML and reorganize PML nuclear bodies. *Oncogene* 21, 7957-7970.

Boddy, M. N., Howe, K., Etkin, L. D., Solomon, E. and Freemont, P. S. (1996). PIC 1, a novel ubiquitin-like protein which interacts with the PML component of a multiprotein complex that is disrupted in acute promyelocytic leukaemia. *Oncogene* 13, 971-82.

Boehme, K. W., Guerrero, M. and Compton, T. (2006). Human cytomegalovirus envelope glycoproteins B and H are necessary for TLR2 activation in permissive cells. *J Immunol* 177, 7094-102.

Bohren, K. M., Nadkarni, V., Song, J. H., Gabbay, K. H. and Owerbach, D. (2004). A M55V polymorphism in a novel SUMO gene (SUMO-4) differentially activates heat shock transcription factors and is associated with susceptibility to type I diabetes mellitus. *J Biol Chem* 279, 27233-8.

Boisvert, F. M., Kruhlak, M. J., Box, A. K., Hendzel, M. J. and Bazett-Jones, D. P. (2001). The transcription coactivator CBP is a dynamic component of the promyelocytic leukemia nuclear body. *J Cell Biol* 152, 1099-106.

Bonilla, W. V., Pinschewer, D. D., Klenerman, P., Rousson, V., Gaboli, M., Pandolfi, P. P., Zinkernagel, R. M., Salvato, M. S. and Hengartner, H. (2002). Effects of promyelocytic leukemia protein on virus-host balance. *J Virol* 76, 3810-8.

Bonjardim, C. A., Ferreira, P. C. and Kroon, E. G. (2009). Interferons: signaling, antiviral and viral evasion. *Immunol Lett* 122, 1-11.

Borden, K. L., Campbell Dwyer, E. J. and Salvato, M. S. (1998). An arenavirus RING (zinc-binding) protein binds the oncoprotein promyelocyte leukemia protein (PML) and relocates PML nuclear bodies to the cytoplasm. *J Virol* 72, 758-66.

Bowzard, J. B., Davis, W. G., Jeisy-Scott, V., Ranjan, P., Gangappa, S., Fujita, T. and Sambhara, S. (2011). PAMPer and tRIGer: ligand-induced activation of RIG-I. *Trends Biochem Sci* 36, 314-9.

Brand, P., Lenser, T. and Hemmerich, P. (2010). Assembly dynamics of PML nuclear bodies in living cells. *PMC Biophys* 3, 3.

Breitschopf, K., Bengal, E., Ziv, T., Admon, A. and Ciechanover, A. (1998). A novel site for ubiquitination: the N-terminal residue, and not internal lysines of MyoD, is essential for conjugation and degradation of the protein. *Embo J* 17, 5964-73.

Brinkmann, M. M., Spooner, E., Hoebe, K., Beutler, B., Ploegh, H. L. and Kim, Y. M. (2007). The interaction between the ER membrane protein UNC93B and TLR3, 7, and 9 is crucial for TLR signaling. *J Cell Biol* 177, 265-75.

Brooks, P., Fuertes, G., Murray, R. Z., Bose, S., Knecht, E., Rechsteiner, M. C., Hendil, K. B., Tanaka, K., Dyson, J. and Rivett, J. (2000). Subcellular localization of proteasomes and their regulatory complexes in mammalian cells. *Biochem J* 346 Pt 1, 155-61.

Bruderer, R., Tatham, M. H., Plechanovova, A., Matic, I., Garg, A. K. and Hay, R. T. (2011). Purification and identification of endogenous polySUMO conjugates. *EMBO Rep* 12, 142-8.

Burness, A. T. and Pardoe, I. U. (1983). Chromatofocusing of sialoglycoproteins. *J Chromatogr* 259, 423-32.

Butler, J. T., Hall, L. L., Smith, K. P. and Lawrence, J. B. (2009). Changing nuclear landscape and unique PML structures during early epigenetic transitions of human embryonic stem cells. *J Cell Biochem* 107, 609-21.

C

Cadwell, K. and Coscoy, L. (2005). Ubiquitination on nonlysine residues by a viral E3 ubiquitin ligase. *Science* 309, 127-30.

Campbell Dwyer, E. J., Lai, H., MacDonald, R. C., Salvato, M. S. and Borden, K. L. (2000). The lymphocytic choriomeningitis virus RING protein Z associates with eukaryotic initiation factor 4E and selectively represses translation in a RING-dependent manner. *J Virol* 74, 3293-300.

Cao, W. and Liu, Y. J. (2007). Innate immune functions of plasmacytoid dendritic cells. *Curr Opin Immunol* 19, 24-30.

Cardenas, W. B., Loo, Y. M., Gale, M., Jr., Hartman, A. L., Kimberlin, C. R., Martinez-Sobrido, L., Saphire, E. O. and Basler, C. F. (2006). Ebola virus VP35 protein binds double-stranded RNA and inhibits alpha/beta interferon production induced by RIG-I signaling. *J Virol* 80, 5168-78.

Carmo-Fonseca, M., Berciano, M. T. and Lafarga, M. (201). Orphan nuclear bodies. *Cold Spring Harb Perspect Biol* 2, a000703.

Carroll, S. S., Chen, E., Viscount, T., Geib, J., Sardana, M. K., Gehman, J. and Kuo, L. C. (1996). Cleavage of oligoribonucleotides by the 2',5'-oligoadenylate- dependent ribonuclease L. *J Biol Chem* 271, 4988-92.

Carthagena, L., Bergamaschi, A., Luna, J. M., David, A., Uchil, P. D., Margottin-Goguet, F., Mothes, W., Hazan, U., Transy, C., Pancino, G. et al. (2009). Human TRIM gene expression in response to interferons. *PLoS One* 4, e4894.

Casrouge, A., Zhang, S. Y., Eidenschenk, C., Jouanguy, E., Puel, A., Yang, K., Alcais, A., Picard, C., Mahfoufi, N., Nicolas, N. et al. (2006). Herpes simplex virus encephalitis in human UNC-93B deficiency. *Science* 314, 308-12.

Catic, A., Fiebiger, E., Korbel, G. A., Blom, D., Galardy, P. J. and Ploegh, H. L. (2007). Screen for ISG15-crossreactive deubiquitinases. *PLoS One* 2, e679.

Catic, A., Sun, Z. Y., Ratner, D. M., Misaghi, S., Spooner, E., Samuelson, J., Wagner, G. and Ploegh, H. L. (2007). Sequence and structure evolved separately in a ribosomal ubiquitin variant. *Embo J* 26, 3474-83.

Cervantes-Barragan, L., Zust, R., Weber, F., Spiegel, M., Lang, K. S., Akira, S., Thiel, V. and Ludewig, B. (2007). Control of coronavirus infection through plasmacytoid dendritic-cell-derived type I interferon. *Blood* 109, 1131-7.

Chang, K. S., Fan, Y. H., Andreeff, M., Liu, J. and Mu, Z. M. (1995). The PML gene encodes a phosphoprotein associated with the nuclear matrix. *Blood* 85, 3646-53.

Chebath, J., Benech, P., Hovanessian, A., Galabru, J. and Revel, M. (1987a). Four different forms of interferon-induced 2',5'-oligo(A) synthetase identified by immunoblotting in human cells. *J Biol Chem* 262, 3852-7.

Chebath, J., Benech, P., Revel, M. and Vigneron, M. (1987b). Constitutive expression of (2'-5') oligo A synthetase confers resistance to picornavirus infection. *Nature* 330, 587-8.

Chelbi-Alix, M. K. and de The, H. (1999). Herpes virus induced proteasome-dependent degradation of the nuclear bodies-associated PML and Sp100 proteins. *Oncogene* 18, 935-941.

Chelbi-Alix, M. K. and de The, H. (1999). Herpes virus induced proteasome-dependent degradation of the nuclear bodies-associated PML and Sp100 proteins. *Oncogene* 18, 935-941.

Chelbi-Alix, M. K., Pelicano, L., Quignon, F., Koken, M. H., Venturini, L., Stadler, M., Pavlovic, J., Degos, L. and de The, H. (1995). Induction of the PML protein by interferons in normal and APL cells. *Leukemia* 9, 2027-33.

Chelbi-Alix, M. K., Quignon, F., Pelicano, L., Koken, M. H. and de The, H. (1998). Resistance to virus infection conferred by the interferon-induced promyelocytic leukemia protein. *J Virol* 72, 1043-51.

Chelbi-Alix, M. K., Vidy, A., El Bougrini, J. and Blondel, D. (2006). Rabies viral mechanisms to escape the IFN system: the viral protein P interferes with IRF-3, Stat1, and PML nuclear bodies. *J Interferon Cytokine Res* 26, 271-80.

Chi, B., Dickensheets, H. L., Spann, K. M., Alston, M. A., Luongo, C., Dumoutier, L., Huang, J., Renauld, J. C., Kotenko, S. V., Roederer, M. et al. (2006). Alpha and lambda interferon together mediate suppression of CD4 T cells induced by respiratory syncytial virus. *J Virol* 80, 5032-40.

Chieux, V., Chehadeh, W., Harvey, J., Haller, O., Wattre, P. and Hober, D. (2001). Inhibition of coxsackievirus B4 replication in stably transfected cells expressing human MxA protein. *Virology* 283, 84-92.

Chiu, Y. H., Macmillan, J. B. and Chen, Z. J. (2009). RNA polymerase III detects cytosolic DNA and induces type I interferons through the RIG-I pathway. *Cell* 138, 576-91.

Cirino, N. M., Li, G., Xiao, W., Torrence, P. F. and Silverman, R. H. (1997). Targeting RNA decay with 2',5' oligoadenylate-antisense in respiratory syncytial virus-infected cells. *Proc Natl Acad Sci U S A* 94, 1937-42.

Coccia, E. M., Romeo, G., Nissim, A., Marziali, G., Albertini, R., Affabris, E., Battistini, A., Fiorucci, G., Orsatti, R., Rossi, G. B. et al. (1990). A full-length murine 2-5A synthetase cDNA transfected in NIH-3T3 cells impairs EMCV but not VSV replication. *Virology* 179, 228-33.

Coelho, L. F., de Oliveira, J. G. and Kroon, E. G. (2008). Interferons and scleroderma-a new clue to understanding the pathogenesis of scleroderma? *Immunol Lett* 118, 110-5.

Cole, J. L., Carroll, S. S. and Kuo, L. C. (1996). Stoichiometry of 2',5'-oligoadenylate-induced dimerization of ribonuclease L. A sedimentation equilibrium study. *J Biol Chem* 271, 3979-81.

Cole, J. L., Carroll, S. S., Blue, E. S., Viscount, T. and Kuo, L. C. (1997). Activation of RNase L by 2',5'-oligoadenylates. Biophysical characterization. *J Biol Chem* 272, 19187-92.

Colina, R., Costa-Mattioli, M., Dowling, R. J., Jaramillo, M., Tai, L. H., Breitbach, C. J., Martineau, Y., Larsson, O., Rong, L., Svitkin, Y. V. et al. (2008). Translational control of the innate immune response through IRF-7. *Nature* 452, 323-8.

Colisson, R., Barblu, L., Gras, C., Raynaud, F., Hadj-Slimane, R., Pique, C., Hermine, O., Lepelletier, Y. and Herbeuval, J. P. (2010). Free HTLV-1 induces TLR7-dependent innate immune response and TRAIL relocalization in killer plasmacytoid dendritic cells. *Blood* 115, 2177-85.

Colonna, M., Trinchieri, G. and Liu, Y. J. (2004). Plasmacytoid dendritic cells in immunity. *Nat Immunol* 5, 1219-26.

Condemine, W., Takahashi, Y., Zhu, J., Puvion-Dutilleul, F., Guegan, S., Janin, A. and de The, H. (2006). Characterization of endogenous human promyelocytic leukemia isoforms. *Cancer Res* 66, 6192-8.

Craiu, A., Gaczynska, M., Akopian, T., Gramm, C. F., Fenteany, G., Goldberg, A. L. and Rock, K. L. (1997). Lactacystin and clasto-lactacystin beta-lactone modify multiple proteasome beta-subunits and inhibit intracellular protein degradation and major histocompatibility complex class I antigen presentation. *J Biol Chem* 272, 13437-45.

D

Daffis, S., Samuel, M. A., Suthar, M. S., Gale, M., Jr. and Diamond, M. S. (2008). Toll-like receptor 3 has a protective role against West Nile virus infection. *J Virol* 82, 10349-58.

Dahlmann, B. (2005). Proteasomes. *Essays Biochem* 41, 31-48.

Dar, A. C., Dever, T. E. and Sicheri, F. (2005). Higher-order substrate recognition of eIF2alpha by the RNA-dependent protein kinase PKR. *Cell* 122, 887-900.

Darnell, J. E., Jr., Kerr, I. M. and Stark, G. R. (1994). Jak-STAT pathways and transcriptional activation in response to IFNs and other extracellular signaling proteins. *Science* 264, 1415-21.

Davey, G. M., Wojtasiak, M., Proietto, A. I., Carbone, F. R., Heath, W. R. and Bedoui, S. (2010). Cutting edge: priming of CD8 T cell immunity to herpes simplex virus type 1 requires cognate TLR3 expression in vivo. *J Immunol* 184, 2243-50.

David, M., Petricoin, E., 3rd, Benjamin, C., Pine, R., Weber, M. J. and Larner, A. C. (1995). Requirement for MAP kinase (ERK2) activity in interferon alpha- and interferon beta-stimulated gene expression through STAT proteins. *Science* 269, 1721-3.

Day, P. M., Roden, R. B., Lowy, D. R. and Schiller, J. T. (1998). The papillomavirus minor capsid protein, L2, induces localization of the major capsid protein, L1, and the viral transcription/replication protein, E2, to PML oncogenic domains. *J Virol* 72, 142-50.

D'Cunha, J., Ramanujam, S., Wagner, R. J., Witt, P. L., Knight, E., Jr. and Borden, E. C. (1996). In vitro and in vivo secretion of human ISG15, an IFN-induced immunomodulatory cytokine. *J Immunol* 157, 4100-8.

de The, H., Chomienne, C., Lanotte, M., Degos, L. and Dejean, A. (1990). The t(15;17) translocation of acute promyelocytic leukaemia fuses the retinoic acid receptor alpha gene to a novel transcribed locus. *Nature* 347, 558-61.

Deb, D. K., Sassano, A., Lekmine, F., Majchrzak, B., Verma, A., Kambhampati, S., Uddin, S., Rahman, A., Fish, E. N. and Platanias, L. C. (2003). Activation of protein kinase C delta by IFN-gamma. *J Immunol* 171, 267-73.

Degols, G., Eldin, P. and Mechti, N. (2007). ISG20, an actor of the innate immune response. *Biochimie* 89, 831-5.

Delhaye, S., Paul, S., Sommereyns, C., Van Pesch, V., Michiels, T. (2006). Les interférons de type I. *Virologie* 10, 167-78.

Der, S. D. and Lau, A. S. (1995). Involvement of the double-stranded-RNA-dependent kinase PKR in interferon expression and interferon-mediated antiviral activity. *Proc Natl Acad Sci U S A* 92, 8841-5.

Desterro, J. M., Thomson, J. and Hay, R. T. (1997). Ubch9 conjugates SUMO but not ubiquitin. *FEBS Lett* 417, 297-300.

DeVries, T. A., Kalkofen, R. L., Matassa, A. A. and Reyland, M. E. (2004). Protein kinase Cdelta regulates apoptosis via activation of STAT1. *J Biol Chem* 279, 45603-12.

Diaz-Griffero, F., Qin, X. R., Hayashi, F., Kigawa, T., Finzi, A., Sarnak, Z., Lienlaf, M., Yokoyama, S. and Sodroski, J. (2009). A B-box 2 surface patch important for TRIM5alpha self-association, capsid binding avidity, and retrovirus restriction. *J Virol* 83, 10737-51.

Diebold, S. S., Kaisho, T., Hemmi, H., Akira, S. and Reis e Sousa, C. (2004). Innate antiviral responses by means of TLR7-mediated recognition of single-stranded RNA. *Science* 303, 1529-31.

Djavani, M., Rodas, J., Lukashevich, I. S., Horejsh, D., Pandolfi, P. P., Borden, K. L. and Salvato, M. S. (2001). Role of the promyelocytic leukemia protein PML in the interferon sensitivity of lymphocytic choriomeningitis virus. *J Virol* 75, 6204-6208.

Dong, B. and Silverman, R. H. (1995). 2-5A-dependent RNase molecules dimerize during activation by 2-5A. *J Biol Chem* 270, 4133-7.

Dror, N., Rave-Harel, N., Burchert, A., Azriel, A., Tamura, T., Tailor, P., Neubauer, A., Ozato, K. and Levi, B. Z. (2007). Interferon regulatory factor-8 is indispensable for the expression of promyelocytic leukemia and the formation of nuclear bodies in myeloid cells. *J Biol Chem* 282, 5633-40.

Dubois, M. F. and Hovanessian, A. G. (1990). Modified subcellular localization of interferon-induced p68 kinase during encephalomyocarditis virus infection. *Virology* 179, 591-8.

Duprez, E., Saurin, A. J., Desterro, J. M., Lallemand-Breitenbach, V., Howe, K., Boddy, M. N., Solomon, E., de The, H., Hay, R. T. and Freemont, P. S. (1999). SUMO-1 modification of the acute promyelocytic leukaemia protein PML: implications for nuclear localisation. *J Cell Sci* 112 (Pt 3), 381-93.

Dyck, J. A., Maul, G. G., Miller, W. H., Chen, J. D., Kakizuka, A. and Evans, R. M. (1994). A novel macromolecular structure is a target of the promyelocyte-retinoic acid receptor oncoprotein. *Cell* 76(2), 333-343.

E

El McHichi, B., Regad, T., Maroui, M. A., Rodriguez, M. S., Aminev, A., Gerbaud, S., Escriou, N., Dianoux, L. and Chelbi-Alix, M. K. (2010). SUMOylation Promotes PML Degradation during Encephalomyocarditis Virus Infection. *J Virol* 84, 11634-45.

Eldin, P., Papon, L., Oteiza, A., Brocchi, E., Lawson, T. G. and Mechti, N. (2009). TRIM22 E3 ubiquitin ligase activity is required to mediate antiviral activity against encephalomyocarditis virus. *J Gen Virol* 90, 536-45.

Epps, J. L. and Tanda, S. (1998). The Drosophila semushi mutation blocks nuclear import of bicoid during embryogenesis. *Curr Biol* 8, 1277-80.

Eskiw, C. H., Dellaire, G., Mymryk, J. S. and Bazett-Jones, D. P. (2003). Size, position and dynamic behavior of PML nuclear bodies following cell stress as a paradigm for supramolecular trafficking and assembly. *J Cell Sci* 116, 4455-66.

Espert, L., Degols, G., Gongora, C., Blondel, D., Williams, B. R., Silverman, R. H. and Mechti, N. (2003). ISG20, a new interferon-induced RNase specific for single-stranded RNA, defines an alternative antiviral pathway against RNA genomic viruses. *J Biol Chem* 278, 16151-8.

Espert, L., Degols, G., Lin, Y. L., Vincent, T., Benkirane, M. and Mechti, N. (2005a). Interferon-induced exonuclease ISG20 exhibits an antiviral activity against human immunodeficiency virus type 1. *J Gen Virol* 86, 2221-9.

Espert, L., Dusanter-Fourt, I. and Chelbi-Alix, M. K. (2005b). [Negative regulation of the JAK/STAT: pathway implication in tumorigenesis]. *Bull Cancer* 92, 845-57.

Espert, L., Eldin, P., Gongora, C., Bayard, B., Harper, F., Chelbi-Alix, M. K., Bertrand, E., Degols, G. and Mechti, N. (2006). The exonuclease ISG20 mainly localizes in the nucleolus and the Cajal (Coiled) bodies and is associated with nuclear SMN protein-containing complexes. *J Cell Biochem* 98, 1320-33.

Espert, L., Rey, C., Gonzalez, L., Degols, G., Chelbi-Alix, M. K., Mechti, N. and Gongora, C. (2004). The exonuclease ISG20 is directly induced by synthetic dsRNA via NF-kappaB and IRF1 activation. *Oncogene* 23, 4636-40.

Evdokimov, E., Sharma, P., Lockett, S. J., Lualdi, M. and Kuehn, M. R. (2008). Loss of SUMO1 in mice affects RanGAP1 localization and formation of PML nuclear bodies, but is not lethal as it can be compensated by SUMO2 or SUMO3. *J Cell Sci* 121, 4106-13.

Everett, R. D. (2001). DNA viruses and viral proteins that interact with PML nuclear bodies. *Oncogene* 20, 7266-73.

Everett, R. D. (2006). Interactions between DNA viruses, ND10 and the DNA damage response. *Cell Microbiol* 8, 365-74.

Everett, R. D. and Chelbi-Alix, M. K. (2007). PML and PML nuclear bodies: implications in antiviral defence. *Biochimie* 89(6-7), 819-830.

Everett, R. D., Freemont, P., Saitoh, H., Dasso, M., Orr, A., Kathoria, M. and Parkinson, J. (1998). The disruption of ND10 during herpes simplex virus infection correlates with the Vmw110- and proteasome-dependent loss of several PML isoforms. *J Virol* 72, 6581-91.

Everett, R. D., Freemont, P., Saitoh, H., Dasso, M., Orr, A., Kathoria, M. and Parkinson, J. (1998). The disruption of ND10 during herpes simplex virus infection correlates with the Vmw110- and proteasome-dependent loss of several PML isoforms. *J Virol* 72, 6581-91.

Everett, R. D., Lomonte, P., Sternsdorf, T., van Driel, R. and Orr, A. (1999). Cell cycle regulation of PML modification and ND10 composition. *J Cell Sci* 112 (Pt 24), 4581-8.

Everett, R. D., Murray, J., Orr, A. and Preston, C. M. (2007). Herpes simplex virus type 1 genomes are associated with ND10 nuclear substructures in quiescently infected human fibroblasts. *J Virol* 81, 10991-1004.

Everett, R. D., Rechter, S., Papior, P., Tavalai, N., Stamminger, T. and Orr, A. (2006). PML contributes to a cellular mechanism of repression of herpes simplex virus type 1 infection that is inactivated by ICP0. *J Virol* 80, 7995-8005.

F

Feist, E., Brychcy, M., Hausdorf, G., Hoyer, B., Egerer, K., Dorner, T., Kuckelkorn, U. and Burmester, G. R. (2007). Anti-proteasome autoantibodies contribute to anti-nuclear antibody patterns on human larynx carcinoma cells. *Ann Rheum Dis* 66, 5-11.

Ferbeyre, G., de Stanchina, E., Querido, E., Baptiste, N., Prives, C. and Lowe, S. W. (2000). PML is induced by oncogenic ras and promotes premature senescence. *Genes Dev* 14, 2015-27.

Fernandez, M., Quiroga, J. A., Martin, J., Herrero, M., Pardo, M., Horisberger, M. A. and Carreno, V. (1999). In vivo and in vitro induction of MxA protein in peripheral blood mononuclear cells from patients chronically infected with hepatitis C virus. *J Infect Dis* 180, 262-7.

Fiola, S., Gosselin, D., Takada, K. and Gosselin, J. (2010). TLR9 contributes to the recognition of EBV by primary monocytes and plasmacytoid dendritic cells. *J Immunol* 185, 3620-31.

Flanegan, J. B., Petterson, R. F., Ambros, V., Hewlett, N. J. and Baltimore, D. (1977). Covalent linkage of a protein to a defined nucleotide sequence at the 5'-terminus of virion and replicative intermediate RNAs of poliovirus. *Proc Natl Acad Sci U S A* 74, 961-5.

Floyd-Smith, G., Slattery, E. and Lengyel, P. (1981). Interferon action: RNA cleavage pattern of a (2'-5')oligoadenylate--dependent endonuclease. *Science* 212, 1030-2.

Fogal, V., Gostissa, M., Sandy, P., Zacchi, P., Sternsdorf, T., Jensen, K., Pandolfi, P. P., Will, H., Schneider, C. and Del Sal, G. (2000). Regulation of p53 activity in nuclear bodies by a specific PML isoform. *EMBO J* 19, 6185-95.

Fredericksen, B. L. and Gale, M., Jr. (2006). West Nile virus evades activation of interferon regulatory factor 3 through RIG-I-dependent and -independent pathways without antagonizing host defense signaling. *J Virol* 80, 2913-23.

Frentzel, S., Pesold-Hurt, B., Seelig, A. and Kloetzel, P. M. (1994). 20 S proteasomes are assembled via distinct precursor complexes. Processing of LMP2 and LMP7 proproteins takes place in 13-16 S preproteasome complexes. *J Mol Biol* 236, 975-81.

Frias-Staheli, N., Giannakopoulos, N. V., Kikkert, M., Taylor, S. L., Bridgen, A., Paragas, J., Richt, J. A., Rowland, R. R., Schmaljohn, C. S., Lenschow, D. J. et al. (2007). Ovarian tumor domain-containing viral proteases evade ubiquitin- and ISG15-dependent innate immune responses. *Cell Host Microbe* 2, 404-16.

G

Gao, B., Duan, Z., Xu, W. and Xiong, S. (2009). Tripartite motif-containing 22 inhibits the activity of hepatitis B virus core promoter, which is dependent on nuclear-located RING domain. *Hepatology* 50, 424-33.

Garcia-Sastre, A. and Biron, C. A. (2006). Type 1 interferons and the virus-host relationship: a lesson in detente. *Science* 312, 879-82.

Geiss-Friedlander, R. and Melchior, F. (2007). Concepts in sumoylation: a decade on. *Nat Rev Mol Cell Biol* 8, 947-56.

Gelev, V., Aktas, H., Marintchev, A., Ito, T., Frueh, D., Hemond, M., Rovnyak, D., Debus, M., Hyberts, S., Usheva, A. et al. (2006). Mapping of the auto-inhibitory interactions of protein kinase R by nuclear magnetic resonance. *J Mol Biol* 364, 352-63.

Geoffroy, M. C. and Chelbi-Alix, M. K. (2011). Role of promyelocytic leukemia protein in host antiviral defense. *J Interferon Cytokine Res* 31, 145-58.

Gerlier, D. and Lyles, D. S. (2011). Interplay between innate immunity and negative-strand RNA viruses: towards a rational model. *Microbiol Mol Biol Rev* 75, 468-90, second page of table of contents.

Ghosh, S. K., Kusari, J., Bandyopadhyay, S. K., Samanta, H., Kumar, R. and Sen, G. C. (1991). Cloning, sequencing, and expression of two murine 2'-5'-oligoadenylate synthetases. Structure-function relationships. *J Biol Chem* 266, 15293-9.

Giannakopoulos, N. V., Luo, J. K., Papov, V., Zou, W., Lenschow, D. J., Jacobs, B. S., Borden, E. C., Li, J., Virgin, H. W. and Zhang, D. E. (2005). Proteomic identification of proteins conjugated to ISG15 in mouse and human cells. *Biochem Biophys Res Commun* 336, 496-506.

Gill, G. (2004). SUMO and ubiquitin in the nucleus: different functions, similar mechanisms? *Genes Dev* 18, 2046-59.

Gitlin, L., Barchet, W., Gilfillan, S., Cella, M., Beutler, B., Flavell, R. A., Diamond, M. S. and Colonna, M. (2006). Essential role of mda-5 in type I IFN responses to polyriboinosinic:polyribocytidylic acid and encephalomyocarditis picornavirus. *Proc Natl Acad Sci U S A* 103, 8459-64.

Gitlin, L., Benoit, L., Song, C., Cella, M., Gilfillan, S., Holtzman, M. J. and Colonna, M. (2010). Melanoma differentiation-associated gene 5 (MDA5) is involved in the innate immune response to Paramyxoviridae infection in vivo. *PLoS Pathog* 6, e1000734.

Goh, K. C., Haque, S. J. and Williams, B. R. (1999). p38 MAP kinase is required for STAT1 serine phosphorylation and transcriptional activation induced by interferons. *EMBO J* 18, 5601-8.

Golebiowski, F., Matic, I., Tatham, M. H., Cole, C., Yin, Y., Nakamura, A., Cox, J., Barton, G. J., Mann, M. and Hay, R. T. (2009). System-wide changes to SUMO modifications in response to heat shock. *Sci Signal* 2, ra24.

Gongora, C., Degols, G., Espert, L., Hua, T. D. and Mechti, N. (2000). A unique ISRE, in the TATA-less human Isg20 promoter, confers IRF-1-mediated responsiveness to both interferon type I and type II. *Nucleic Acids Res* 28, 2333-41.

Gordien, E., Rosmorduc, O., Peltekian, C., Garreau, F., Brechot, C. and Kremsdorf, D. (2001). Inhibition of hepatitis B virus replication by the interferon-inducible MxA protein. *J Virol* 75, 2684-91.

Gowen, B. B., Hoopes, J. D., Wong, M. H., Jung, K. H., Isakson, K. C., Alexopoulou, L., Flavell, R. A. and Sidwell, R. W. (2006). TLR3 deletion limits mortality and disease severity due to Phlebovirus infection. *J Immunol* 177, 6301-7.

Grigera, P., Vasquez, C. and Palmenberg, A. (1985). Foot-and-mouth disease virus capsid proteins VP0, VP1 and VP3 synthesized by "in vitro" translation are the major components of 14S particles. *Acta Virol* 29, 449-54.

Groll, M. and Huber, R. (2003). Substrate access and processing by the 20S proteasome core particle. *Int J Biochem Cell Biol* 35, 606-16.

Groppo, R., Brown, B. A. and Palmenberg, A. C. Mutational analysis of the EMCV 2A protein identifies a nuclear localization signal and an eIF4E binding site. (2011). *Virology* 410, 257-67.

Guccione, E., Lethbridge, K. J., Killick, N., Leppard, K. N. and Banks, L. (2004). HPV E6 proteins interact with specific PML isoforms and allow distinctions to be made between different POD structures. *Oncogene* 23, 4662-72.

Gupta, P., Ho, P. C., Huq, M. M., Ha, S. G., Park, S. W., Khan, A. A., Tsai, N. P. and Wei, L. N. (2008). Retinoic acid-stimulated sequential phosphorylation, PML recruitment, and SUMOylation of nuclear receptor TR2 to suppress Oct4 expression. *Proc Natl Acad Sci U S A* 105, 11424-9.

H

Hacker, H., Redecke, V., Blagoev, B., Kratchmarova, I., Hsu, L. C., Wang, G. G., Kamps, M. P., Raz, E., Wagner, H., Hacker, G. et al. (2006). Specificity in Toll-like receptor signalling through distinct effector functions of TRAF3 and TRAF6. *Nature* 439, 204-7.

Hahn, H. and Palmenberg, A. C. (2001). Deletion mapping of the encephalomyocarditis virus primary cleavage site. *J Virol* 75, 7215-8.

Haller, O., Arnheiter, H., Gresser, I. and Lindenmann, J. (1979). Genetically determined, interferon-dependent resistance to influenza virus in mice. *J Exp Med* 149, 601-12.

Haller, O., Frese, M., Rost, D., Nuttall, P. A. and Kochs, G. (1995). Tick-borne thogoto virus infection in mice is inhibited by the orthomyxovirus resistance gene product Mx1. *J Virol* 69, 2596-601.

Hammoumi, S., Guy, M., Eloit, M., Bakkali-Kassimi, L. (2007). Le virus de l'encéphalomyocardite. *Virologie* 11 : 217-29.

Hardarson, H. S., Baker, J. S., Yang, Z., Purevjav, E., Huang, C. H., Alexopoulou, L., Li, N., Flavell, R. A., Bowles, N. E. and Vallejo, J. G. (2007). Toll-like receptor 3 is an essential component of the innate stress response in virus-induced cardiac injury. *Am J Physiol Heart Circ Physiol* 292, H251-8.

Hatziioannou, T., Perez-Caballero, D., Yang, A., Cowan, S. and Bieniasz, P. D. (2004). Retrovirus resistance factors Ref1 and Lv1 are species-specific variants of TRIM5alpha. *Proc Natl Acad Sci U S A* 101, 10774-9.

Hay, N. and Sonenberg, N. (2004). Upstream and downstream of mTOR. *Genes Dev* 18, 1926-45.

Hay, R. T. (2005). SUMO: a history of modification. *Mol Cell* 18, 1-12.

Hayakawa, F. and Privalsky, M. L. (2004). Phosphorylation of PML by mitogen-activated protein kinases plays a key role in arsenic trioxide-mediated apoptosis. *Cancer Cell* 5, 389-401.

Hayakawa, F., Abe, A., Kitabayashi, I., Pandolfi, P. P. and Naoe, T. (2008). Acetylation of PML is involved in histone deacetylase inhibitor-mediated apoptosis. *J Biol Chem* 283, 24420-5.

Hayashi, T., Seki, M., Maeda, D., Wang, W., Kawabe, Y., Seki, T., Saitoh, H., Fukagawa, T., Yagi, H. and Enomoto, T. (2002). Ubc9 is essential for viability of higher eukaryotic cells. *Exp Cell Res* 280, 212-21.

Hecker, C. M., Rabiller, M., Haglund, K., Bayer, P. and Dikic, I. (2006). Specification of SUMO1- and SUMO2-interacting motifs. *J Biol Chem* 281, 16117-27.

Heil, F., Hemmi, H., Hochrein, H., Ampenberger, F., Kirschning, C., Akira, S., Lipford, G., Wagner, H. and Bauer, S. (2004). Species-specific recognition of single-stranded RNA via toll-like receptor 7 and 8. *Science* 303, 1526-9.

Heinemeyer, W., Fischer, M., Krimmer, T., Stachon, U. and Wolf, D. H. (1997). The active sites of the eukaryotic 20 S proteasome and their involvement in subunit precursor processing. *J Biol Chem* 272, 25200-9.

Henderson, B. R. and Eleftheriou, A. (2000). A comparison of the activity, sequence specificity, and CRM1-dependence of different nuclear export signals. *Exp Cell Res* 256, 213-24.

Herzer, K., Weyer, S., Krammer, P. H., Galle, P. R. and Hofmann, T. G. (2005). Hepatitis C virus core protein inhibits tumor suppressor protein promyelocytic leukemia function in human hepatoma cells. *Cancer Res* 65, 10830-7.

Hicke, L. and Dunn, R. (2003). Regulation of membrane protein transport by ubiquitin and ubiquitin-binding proteins. *Annu Rev Cell Dev Biol* 19, 141-72.

Higgins, S. C. and Mills, K. H. (2010). TLR, NLR Agonists, and Other Immune Modulators as Infectious Disease Vaccine Adjuvants. *Curr Infect Dis Rep* 12, 4-12.

Hochstrasser, M. (2001). SP-RING for SUMO: new functions bloom for a ubiquitin-like protein. *Cell* 107, 5-8.

Hoeller, D., Hecker, C. M., Wagner, S., Rogov, V., Dotsch, V. and Dikic, I. (2007). E3-independent monoubiquitination of ubiquitin-binding proteins. *Mol Cell* 26, 891-8.

Hoenen, A., Liu, W., Kochs, G., Khromykh, A. A. and Mackenzie, J. M. (2007). West Nile virus-induced cytoplasmic membrane structures provide partial protection against the interferon-induced antiviral MxA protein. *J Gen Virol* 88, 3013-7.

Honda, K., Takaoka, A. and Taniguchi, T. (2006). Type I interferon [corrected] gene induction by the interferon regulatory factor family of transcription factors. *Immunity* 25, 349-60.

Honda, K., Yanai, H., Negishi, H., Asagiri, M., Sato, M., Mizutani, T., Shimada, N., Ohba, Y., Takaoka, A., Yoshida, N. et al. (2005). IRF-7 is the master regulator of type-I interferon-dependent immune responses. *Nature* 434, 772-7.

Hoppe, A., Beech, S. J., Dimmock, J. and Leppard, K. N. (2006). Interaction of the adenovirus type 5 E4 Orf3 protein with promyelocytic leukemia protein isoform II is required for ND10 disruption. *J Virol* 80, 3042-9.

Hoppe, T. (2005). Multiubiquitylation by E4 enzymes: 'one size' doesn't fit all. *Trends Biochem Sci* 30, 183-7.

Hornung, V., Ellegast, J., Kim, S., Brzozka, K., Jung, A., Kato, H., Poeck, H., Akira, S., Conzelmann, K. K., Schlee, M. et al. (2006). 5'-Triphosphate RNA is the ligand for RIG-I. *Science* 314, 994-7.

Hu, X. V., Rodrigues, T. M., Tao, H., Baker, R. K., Miraglia, L., Orth, A. P., Lyons, G. E., Schultz, P. G. and Wu, X. (2010). Identification of RING finger protein 4 (RNF4) as a modulator of DNA demethylation through a functional genomics screen. *Proc Natl Acad Sci U S A* 107, 15087-92.

Hu, Y. J., Zang, L., Wu, Y. D. and Sun, B. (2001). High IFN-alpha expression is associated with the induction of experimental autoimmune uveitis (EAU) in Fischer 344 rat. *Cell Res* 11, 293-300.

Huber, S. A. (1994). VCAM-1 is a receptor for encephalomyocarditis virus on murine vascular endothelial cells. *J Virol* 68, 3453-8. Hannoun, Z., Greenhough, S., Jaffray, E., Hay, R. T. and Hay, D. C. Post-translational modification by SUMO. *Toxicology* 278, 288-93.

I

Ikegame, S., Takeda, M., Ohno, S., Nakatsu, Y., Nakanishi, Y. and Yanagi, Y. (2010). Both RIG-I and MDA5 RNA helicases contribute to the induction of alpha/beta interferon in measles virus-infected human cells. *J Virol* 84, 372-9.

Iki, S., Yokota, S., Okabayashi, T., Yokosawa, N., Nagata, K. and Fujii, N. (2005). Serum-dependent expression of promyelocytic leukemia protein suppresses propagation of influenza virus. *Virology* 343, 106-15.

Isaacs, A. and Lindenmann, J. (1957). Virus interference. I. The interferon. *Proc R Soc Lond B Biol Sci* 147(927), 258-267.

Ishii, K. J., Kawagoe, T., Koyama, S., Matsui, K., Kumar, H., Kawai, T., Uematsu, S., Takeuchi, O., Takeshita, F., Coban, C. et al. (2008). TANK-binding kinase-1 delineates innate and adaptive immune responses to DNA vaccines. *Nature* 451, 725-9.

Ishikawa, H. and Barber, G. N. (2008). STING is an endoplasmic reticulum adaptor that facilitates innate immune signalling. *Nature* 455, 674-8.

Ishikawa, H., Ma, Z. and Barber, G. N. (2009). STING regulates intracellular DNA-mediated, type I interferon-dependent innate immunity. *Nature* 461, 788-92.

Ishov, A. M., Sotnikov, A. G., Negorev, D., Vladimirova, O. V., Neff, N., Kamitani, T., Yeh, E. T., Strauss, J. F., 3rd and Maul, G. G. (1999). PML is critical for ND10 formation and recruits the PML-interacting protein daxx to this nuclear structure when modified by SUMO-1. *J Cell Biol* 147, 221-34.

Ito, K., Bernardi, R. and Pandolfi, P. P. (2009). A novel signaling network as a critical rheostat for the biology and maintenance of the normal stem cell and the cancer-initiating cell. *Curr Opin Genet Dev* 19, 51-9.

Ito, K., Bernardi, R., Morotti, A., Matsuoka, S., Saglio, G., Ikeda, Y., Rosenblatt, J., Avigan, D. E., Teruya-Feldstein, J. and Pandolfi, P. P. (2008). PML targeting eradicates quiescent leukaemia-initiating cells. *Nature* 453, 1072-8.

J

Jakob, C., Egerer, K., Liebisch, P., Turkmen, S., Zavrski, I., Kuckelkorn, U., Heider, U., Kaiser, M., Fleissner, C., Sterz, J. et al. (2007). Circulating proteasome levels are an independent prognostic factor for survival in multiple myeloma. *Blood* 109, 2100-5.

Jensen, K., Shiels, C. and Freemont, P. S. (2001). PML protein isoforms and the RBCC/TRIM motif. *Oncogene* 20, 7223-7233.

Johnson, D. G. and Walker, C. L. (1999). Cyclins and cell cycle checkpoints. *Annu Rev Pharmacol Toxicol* 39, 295-312.

Johnson, E. S. (2004). Protein modification by SUMO. *Annu Rev Biochem* 73, 355-82.

Johnson, E. S. and Blobel, G. (1997). Ubc9p is the conjugating enzyme for the ubiquitin-like protein Smt3p. *J Biol Chem* 272, 26799-802.

Johnson, E. S., Schwienhorst, I., Dohmen, R. J. and Blobel, G. (1997). The ubiquitin-like protein Smt3p is activated for conjugation to other proteins by an Aos1p/Uba2p heterodimer. *Embo J* 16, 5509-19.

K

Kagey, M. H., Melhuish, T. A. and Wotton, D. (2003). The polycomb protein Pc2 is a SUMO E3. *Cell* 113, 127-37.

Kakizuka, A., Miller, W. H., Umesono, K., Warrell, R. P., Frankel, S. R., Murty, V. V., Dmitrovsky, E. and Evans, R. M. (1991). Chromosomal translocation t(15;17) in human acute promyelocytic leukemia fuses RAR alpha with a novel putative transcription factor, PML. *Cell* 66(4), 663-674.

Kamitani, T., Kito, K., Nguyen, H. P., Wada, H., Fukuda-Kamitani, T. and T., Y. E. (1998a). Identification of three major sentrinization sites in PML. *J Biol Chem* 273(41), 26675-26682.

Kamitani, T., Kito, K., Nguyen, H. P., Wada, H., Fukuda-Kamitani, T. and T., Y. E. (1998). Identification of three major sentrinization sites in PML. *J Biol Chem* 273(41), 26675-26682.

Kamitani, T., Nguyen, H. P., Kito, K., Fukuda-Kamitani, T. and Yeh, E. T. (1998b). Covalent modification of PML by the sentrin family of ubiquitin-like proteins. *J Biol Chem* 273, 3117-20.

Kato, H., Takeuchi, O., Sato, S., Yoneyama, M., Yamamoto, M., Matsui, K., Uematsu, S., Jung, A., Kawai, T., Ishii, K. J. et al. (2006). Differential roles of MDA5 and RIG-I helicases in the recognition of RNA viruses. *Nature* 441, 101-5.

Kawai, T. and Akira, S. (2010). The role of pattern-recognition receptors in innate immunity: update on Toll-like receptors. *Nat Immunol* 11, 373-84.

Keeble, A. H., Khan, Z., Forster, A. and James, L. C. (2008). TRIM21 is an IgG receptor that is structurally, thermodynamically, and kinetically conserved. *Proc Natl Acad Sci U S A* 105, 6045-50.

Kerr, I. M. and Brown, R. E. (1978). pppA2'p5'A2'p5'A: an inhibitor of protein synthesis synthesized with an enzyme fraction from interferon-treated cells. *Proc Natl Acad Sci U S A* 75, 256-60.

Kim, T. K., Lee, J. S., Oh, S. Y., Jin, X., Choi, Y. J., Lee, T. H., Lee, E., Choi, Y. K., You, S., Chung, Y. G. et al. (2007). Direct transcriptional activation of promyelocytic leukemia protein by IFN regulatory factor 3 induces the p53-dependent growth inhibition of cancer cells. *Cancer Res* 67, 11133-40.

Kisselev, A. F., Songyang, Z. and Goldberg, A. L. (2000). Why does threonine, and not serine, function as the active site nucleophile in proteasomes? *J Biol Chem* 275, 14831-7.

Kloetzel, P. M. (2001). Antigen processing by the proteasome. *Nat Rev Mol Cell Biol* 2, 179-87.

Kloetzel, P. M., Soza, A. and Stohwasser, R. (1999). The role of the proteasome system and the proteasome activator PA28 complex in the cellular immune response. *Biol Chem* 380, 293-7.

Kochs, G., Garcia-Sastre, A. and Martinez-Sobrido, L. (2007). Multiple anti-interferon actions of the influenza A virus NS1 protein. *J Virol* 81, 7011-21.

Koegl, M., Hoppe, T., Schlenker, S., Ulrich, H. D., Mayer, T. U. and Jentsch, S. (1999). A novel ubiquitination factor, E4, is involved in multiubiquitin chain assembly. *Cell* 96, 635-44.

Konstantinova, I. M., Tsimokha, A. S. and Mittenberg, A. G. (2008). Role of proteasomes in cellular regulation. *Int Rev Cell Mol Biol* 267, 59-124.

Korioth, F., Maul, G. G., Plachter, B., Stamminger, T. and Frey, J. (1996). The nuclear domain 10 (ND10) is disrupted by the human cytomegalovirus gene product IE1. *Exp Cell Res* 229, 155-8.
Kotenko, S. V., Gallagher, G., Baurin, V. V., Lewis-Antes, A., Shen, M., Shah, N. K., Langer, J. A., Sheikh, F., Dickensheets, H. and Donnelly, R. P. (2003). IFN-lambdas mediate antiviral protection through a distinct class II cytokine receptor complex. *Nat Immunol* 4, 69-77.
Krishna, M. and Narang, H. (2008). The complexity of mitogen-activated protein kinases (MAPKs) made simple. *Cell Mol Life Sci* 65, 3525-44.
Kroetz, M. B. (2005). SUMO: a ubiquitin-like protein modifier. *Yale J Biol Med* 78, 197-201.
Krug, A., French, A. R., Barchet, W., Fischer, J. A., Dzionek, A., Pingel, J. T., Orihuela, M. M., Akira, S., Yokoyama, W. M. and Colonna, M. (2004). TLR9-dependent recognition of MCMV by IPC and DC generates coordinated cytokine responses that activate antiviral NK cell function. *Immunity* 21, 107-19.

L

Lafarga, M., Fernandez, R., Mayo, I., Berciano, M. T. and Castano, J. G. (2002). Proteasome dynamics during cell cycle in rat Schwann cells. *Glia* 38, 313-28.
Lallemand-Breitenbach, V. and de The, H. (2010). PML nuclear bodies. *Cold Spring Harb Perspect Biol* 2, a000661.
Lallemand-Breitenbach, V., Jeanne, M., Benhenda, S., Nasr, R., Lei, M., Peres, L., Zhou, J., Zhu, J., Raught, B. and de The, H. (2008). Arsenic degrades PML or PML-RARalpha through a SUMO-triggered RNF4/ubiquitin-mediated pathway. *Nat Cell Biol* 10, 547-55.
Lallemand-Breitenbach, V., Jeanne, M., Benhenda, S., Nasr, R., Lei, M., Peres, L., Zhou, J., Zhu, J., Raught, B. and de The, H. (2008). Arsenic degrades PML or PML-RARalpha through a SUMO-triggered RNF4/ubiquitin-mediated pathway. *Nat Cell Biol* 10, 547-55.
Lallemand-Breitenbach, V., Zhu, J., Puvion, F., Koken, M., Honore, N., Doubeikovsky, A., Duprez, E., Pandolfi, P. P., Puvion, E., Freemont, P. et al. (2001). Role of promyelocytic leukemia (PML) sumolation in nuclear body formation, 11S proteasome recruitment, and As2O3-induced PML or PML/retinoic acid receptor alpha degradation. *J Exp Med* 193, 1361-71.
Langer, J. A., Cutrone, E. C. and Kotenko, S. (2004). The Class II cytokine receptor (CRF2) family: overview and patterns of receptor-ligand interactions. *Cytokine Growth Factor Rev* 15, 33-48.
LaRue, R., Myers, S., Brewer, L., Shaw, D. P., Brown, C., Seal, B. S. and Njenga, M. K. (2003). A wild-type porcine encephalomyocarditis virus containing a short poly(C) tract is pathogenic to mice, pigs, and cynomolgus macaques. *J Virol* 77, 9136-46.
Le Goffic, R., Balloy, V., Lagranderie, M., Alexopoulou, L., Escriou, N., Flavell, R., Chignard, M. and Si-Tahar, M. (2006). Detrimental contribution of the Toll-like receptor (TLR)3 to influenza A virus-induced acute pneumonia. *PLoS Pathog* 2, e53.
Leaman, D. W., Cross, J. C. and Roberts, R. M. (1992). Genes for the trophoblast interferons and their distribution among mammals. *Reprod Fertil Dev* 4, 349-53.
Lefevre, F. and Boulay, V. (1993). A novel and atypical type one interferon gene expressed by trophoblast during early pregnancy. *J Biol Chem* 268, 19760-8.
Lekmine, F., Sassano, A., Uddin, S., Smith, J., Majchrzak, B., Brachmann, S. M., Hay, N., Fish, E. N. and Platanias, L. C. (2004). Interferon-gamma engages the p70 S6 kinase to regulate phosphorylation of the 40S S6 ribosomal protein. *Exp Cell Res* 295, 173-82.
Lekmine, F., Uddin, S., Sassano, A., Parmar, S., Brachmann, S. M., Majchrzak, B., Sonenberg, N., Hay, N., Fish, E. N. and Platanias, L. C. (2003). Activation of the p70 S6 kinase and phosphorylation of the 4E-BP1 repressor of mRNA translation by type I interferons. *J Biol Chem* 278, 27772-80.
Lemaitre, B., Nicolas, E., Michaut, L., Reichhart, J. M. and Hoffmann, J. A. (1996). The dorsoventral regulatory gene cassette spatzle/Toll/cactus controls the potent antifungal response in Drosophila adults. *Cell* 86, 973-83.
Lenschow, D. J. (2010). Antiviral Properties of ISG15. *Viruses* 2, 2154-68.

Lenschow, D. J., Giannakopoulos, N. V., Gunn, L. J., Johnston, C., O'Guin, A. K., Schmidt, R. E., Levine, B. and Virgin, H. W. t. (2005). Identification of interferon-stimulated gene 15 as an antiviral molecule during Sindbis virus infection in vivo. *J Virol* 79, 13974-83.

Lenschow, D. J., Lai, C., Frias-Staheli, N., Giannakopoulos, N. V., Lutz, A., Wolff, T., Osiak, A., Levine, B., Schmidt, R. E., Garcia-Sastre, A. et al. (2007). IFN-stimulated gene 15 functions as a critical antiviral molecule against influenza, herpes, and Sindbis viruses. *Proc Natl Acad Sci U S A* 104, 1371-6.

Li, M. and Huang, D. (2007). Purification and characterization of prokaryotically expressed human interferon-lambda2. *Biotechnol Lett* 29, 1025-9.

Li, W., Rich, T. and Watson, C. J. (2009). PML: a tumor suppressor that regulates cell fate in mammary gland. *Cell Cycle* 8, 2711-7.

Li, X. and Sodroski, J. (2008). The TRIM5alpha B-box 2 domain promotes cooperative binding to the retroviral capsid by mediating higher-order self-association. *J Virol* 82, 11495-502.

Li, X., Gold, B., O'HUigin, C., Diaz-Griffero, F., Song, B., Si, Z., Li, Y., Yuan, W., Stremlau, M., Mische, C. et al. (2007a). Unique features of TRIM5alpha among closely related human TRIM family members. *Virology* 360, 419-33.

Li, X., Li, Y., Stremlau, M., Yuan, W., Song, B., Perron, M. and Sodroski, J. (2006). Functional replacement of the RING, B-box 2, and coiled-coil domains of tripartite motif 5alpha (TRIM5alpha) by heterologous TRIM domains. *J Virol* 80, 6198-206.

Li, X., Song, B., Xiang, S. H. and Sodroski, J. (2007b). Functional interplay between the B-box 2 and the B30.2(SPRY) domains of TRIM5alpha. *Virology* 366, 234-44.

Li, Y., Sassano, A., Majchrzak, B., Deb, D. K., Levy, D. E., Gaestel, M., Nebreda, A. R., Fish, B. E. N. and Platanias, L. C. (2004). Role of p38alpha Map kinase in Type I interferon signaling. *J Biol Chem* 279, 970-9.

Liew, C. W., Sun, H., Hunter, T. and Day, C. L. (2010). RING domain dimerization is essential for RNF4 function. *Biochem J* 431, 23-9.

Lin, L., DeMartino, G. N. and Greene, W. C. (1998). Cotranslational biogenesis of NF-kappaB p50 by the 26S proteasome. *Cell* 92, 819-28.

Lin, X., Liang, M., Liang, Y. Y., Brunicardi, F. C. and Feng, X. H. (2003). SUMO-1/Ubc9 promotes nuclear accumulation and metabolic stability of tumor suppressor Smad4. *J Biol Chem* 278, 31043-8.

Lindenmann, J. (1962). Resistance of mice to mouse-adapted influenza A virus. *Virology* 16, 203-4.

Lindenmann, J. (1964). Inheritance of Resistance to Influenza Virus in Mice. *Proc Soc Exp Biol Med* 116, 506-9.

Lindner, H. A. (2007). Deubiquitination in virus infection. *Virology* 362, 245-56.

Lippmann, J., Rothenburg, S., Deigendesch, N., Eitel, J., Meixenberger, K., van Laak, V., Slevogt, H., N'Guessan P, D., Hippenstiel, S., Chakraborty, T. et al. (2008). IFNbeta responses induced by intracellular bacteria or cytosolic DNA in different human cells do not require ZBP1 (DLM-1/DAI). *Cell Microbiol* 10, 2579-88.

Liu, B., Liao, J., Rao, X., Kushner, S. A., Chung, C. D., Chang, D. D. and Shuai, K. (1998). Inhibition of Stat1-mediated gene activation by PIAS1. *Proc Natl Acad Sci U S A* 95, 10626-31.

Liu, Y. C., Penninger, J. and Karin, M. (2005). Immunity by ubiquitylation: a reversible process of modification. *Nat Rev Immunol* 5, 941-52.

Loeb, K. R. and Haas, A. L. (1992). The interferon-inducible 15-kDa ubiquitin homolog conjugates to intracellular proteins. *J Biol Chem* 267, 7806-13.

Loo, Y. M., Owen, D. M., Li, K., Erickson, A. K., Johnson, C. L., Fish, P. M., Carney, D. S., Wang, T., Ishida, H., Yoneyama, M. et al. (2006). Viral and therapeutic control of IFN-beta promoter stimulator 1 during hepatitis C virus infection. *Proc Natl Acad Sci U S A* 103, 6001-6.

Lu, G., Reinert, J. T., Pitha-Rowe, I., Okumura, A., Kellum, M., Knobeloch, K. P., Hassel, B. and Pitha, P. M. (2006). ISG15 enhances the innate antiviral response by inhibition of IRF-3 degradation. *Cell Mol Biol (Noisy-le-grand)* 52, 29-41.

Lund, J. M., Alexopoulou, L., Sato, A., Karow, M., Adams, N. C., Gale, N. W., Iwasaki, A. and Flavell, R. A. (2004). Recognition of single-stranded RNA viruses by Toll-like receptor 7. *Proc Natl Acad Sci U S A* 101, 5598-603.

Lund, J., Sato, A., Akira, S., Medzhitov, R. and Iwasaki, A. (2003). Toll-like receptor 9-mediated recognition of Herpes simplex virus-2 by plasmacytoid dendritic cells. *J Exp Med* 198, 513-20.

Lundquist, R. E., Ehrenfeld, E. and Maizel, J. V., Jr. (1974). Isolation of a viral polypeptide associated with poliovirus RNA polymerase. *Proc Natl Acad Sci U S A* 71, 4773-7.

Luo, M., Vriend, G., Kamer, G., Minor, I., Arnold, E., Rossmann, M. G., Boege, U., Scraba, D. G., Duke, G. M. and Palmenberg, A. C. (1987). The atomic structure of Mengo virus at 3.0 A resolution. *Science* 235, 182-91.

M

McNab, F. W., Rajsbaum, Ricardo Stoye, Jonathan. P and O'Garra, A (2011). Tripartite-motif proteins and innate immune regulation. Current Opinion in Immunology 2011, 23:46–56.

Madhus, I. H., Olsnes, S. and Sandvig, K. (1984). Mechanism of entry into the cytosol of poliovirus type 1: requirement for low pH. *J Cell Biol* 98, 1194-200.

Mahajan, R., Delphin, C., Guan, T., Gerace, L. and Melchior, F. (1997). A small ubiquitin-related polypeptide involved in targeting RanGAP1 to nuclear pore complex protein RanBP2. *Cell* 88, 97-107.

Majetschak, M., Krehmeier, U., Bardenheuer, M., Denz, C., Quintel, M., Voggenreiter, G. and Obertacke, U. (2003). Extracellular ubiquitin inhibits the TNF-alpha response to endotoxin in peripheral blood mononuclear cells and regulates endotoxin hyporesponsiveness in critical illness. *Blood* 101, 1882-90.

Malakhov, M. P., Malakhova, O. A., Kim, K. I., Ritchie, K. J. and Zhang, D. E. (2002). UBP43 (USP18) specifically removes ISG15 from conjugated proteins. *J Biol Chem* 277, 9976-81.

Malakhova, O. A. and Zhang, D. E. (2008). ISG15 inhibits Nedd4 ubiquitin E3 activity and enhances the innate antiviral response. *J Biol Chem* 283, 8783-7.

Malathi, K., Dong, B., Gale, M., Jr. and Silverman, R. H. (2007). Small self-RNA generated by RNase L amplifies antiviral innate immunity. *Nature* 448, 816-9.

Mallery, D. L., McEwan, W. A., Bidgood, S. R., Towers, G. J., Johnson, C. M. and James, L. C. (2010). Antibodies mediate intracellular immunity through tripartite motif-containing 21 (TRIM21). *Proc Natl Acad Sci U S A* 107, 19985-90.

Marcos-Villar, L., Lopitz-Otsoa, F., Gallego, P., Munoz-Fontela, C., Gonzalez-Santamaria, J., Campagna, M., Shou-Jiang, G., Rodriguez, M. S. and Rivas, C. (2009). Kaposi's sarcoma-associated herpesvirus protein LANA2 disrupts PML oncogenic domains and inhibits PML-mediated transcriptional repression of the survivin gene. *J Virol* 83, 8849-58.

Marie, I. and Hovanessian, A. G. (1992). The 69-kDa 2-5A synthetase is composed of two homologous and adjacent functional domains. *J Biol Chem* 267, 9933-9.

Maroui, M. A., Pampin, M. and Chelbi-Alix, M. K. (2011). Promyelocytic Leukemia Isoform IV Confers Resistance to Encephalomyocarditis Virus via the Sequestration of 3D Polymerase in Nuclear Bodies. *J Virol* 85, 13164-73.

Martinez, J., Huang, X. and Yang, Y. (2010). Direct TLR2 signaling is critical for NK cell activation and function in response to vaccinia viral infection. *PLoS Pathog* 6, e1000811.

Matunis, M. J., Zhang, X. D. and Ellis, N. A. (2006). SUMO: the glue that binds. *Dev Cell* 11, 596-7.

McCartney, S. A., Thackray, L. B., Gitlin, L., Gilfillan, S., Virgin, H. W. and Colonna, M. (2008). MDA-5 recognition of a murine norovirus. *PLoS Pathog* 4, e1000108.

McNally, B. A., Trgovcich, J., Maul, G. G., Liu, Y. and Zheng, P. (2008). A role for cytoplasmic PML in cellular resistance to viral infection. *PLoS One* 3, e2277.

Melchior, F., Schergaut, M. and Pichler, A. (2003). SUMO: ligases, isopeptidases and nuclear pores. *Trends Biochem Sci* 28, 612-8.

Melchjorsen, J., Rintahaka, J., Soby, S., Horan, K. A., Poltajainen, A., Ostergaard, L., Paludan, S. R. and Matikainen, S. (2010). Early innate recognition of herpes simplex virus in human primary macrophages is mediated via the MDA5/MAVS-dependent and MDA5/MAVS/RNA polymerase III-independent pathways. *J Virol* 84, 11350-8.

Meroni, G. and Diez-Roux, G. (2005). TRIM/RBCC, a novel class of 'single protein RING finger' E3 ubiquitin ligases. *Bioessays* 27, 1147-57.

Meurs, E. F., Watanabe, Y., Kadereit, S., Barber, G. N., Katze, M. G., Chong, K., Williams, B. R. and Hovanessian, A. G. (1992). Constitutive expression of human double-stranded RNA-activated p68 kinase in murine cells mediates phosphorylation of eukaryotic initiation factor 2 and partial resistance to encephalomyocarditis virus growth. *J Virol* 66, 5805-14.

Meylan, E., Curran, J., Hofmann, K., Moradpour, D., Binder, M., Bartenschlager, R. and Tschopp, J. (2005). Cardif is an adaptor protein in the RIG-I antiviral pathway and is targeted by hepatitis C virus. *Nature* 437, 1167-72.

Minty, A., Dumont, X., Kaghad, M. and Caput, D. (2000). Covalent modification of p73alpha by SUMO-1. Two-hybrid screening with p73 identifies novel SUMO-1-interacting proteins and a SUMO-1 interaction motif. *J Biol Chem* 275, 36316-23.

Moorthy, A. K., Savinova, O. V., Ho, J. Q., Wang, V. Y., Vu, D. and Ghosh, G. (2006). The 20S proteasome processes NF-kappaB1 p105 into p50 in a translation-independent manner. *Embo J* 25, 1945-56.

Morrow, C. D., Navab, M., Peterson, C., Hocko, J. and Dasgupta, A. (1984). Antibody to poliovirus genome-linked protein (VPg) precipitates in vitro synthesized RNA attached to VPg-precursor polypeptide(s). *Virus Res* 1, 89-100.

Mu, Z. M., Chin, K. V., Liu, J. H., Lozano, G. and Chang, K. S. (1994). PML, a growth suppressor disrupted in acute promyelocytic leukemia. *Mol Cell Biol* 14, 6858-67.

Mukhopadhyay, D. and Dasso, M. (2007). Modification in reverse: the SUMO proteases. *Trends Biochem Sci* 32, 286-95.

Mukhopadhyay, D., Arnaoutov, A. and Dasso, M. (2010). The SUMO protease SENP6 is essential for inner kinetochore assembly. *J Cell Biol* 188, 681-92.

Muller, S. and Dejean, A. (1999). Viral immediate-early proteins abrogate the modification by SUMO-1 of PML and Sp100 proteins, correlating with nuclear body disruption. *J Virol* 73, 5137-43.

Muller, S., Hoege, C., Pyrowolakis, G. and Jentsch, S. (2001). SUMO, ubiquitin's mysterious cousin. *Nat Rev Mol Cell Biol* 2, 202-10.

Munir, M. (2010). TRIM proteins: another class of viral victims. *Sci Signal* 3, jc2.

Muratani, M., Gerlich, D., Janicki, S. M., Gebhard, M., Eils, R. and Spector, D. L. (2002). Metabolic-energy-dependent movement of PML bodies within the mammalian cell nucleus. *Nat Cell Biol* 4, 106-10.

N

Nacerddine, K., Lehembre, F., Bhaumik, M., Artus, J., Cohen-Tannoudji, M., Babinet, C., Pandolfi, P. P. and Dejean, A. (2005). The SUMO pathway is essential for nuclear integrity and chromosome segregation in mice. *Dev Cell* 9, 769-79.

Nallagatla, S. R., Hwang, J., Toroney, R., Zheng, X., Cameron, C. E. and Bevilacqua, P. C. (2007). 5'-triphosphate-dependent activation of PKR by RNAs with short stem-loops. *Science* 318, 1455-8.

Nandi, D., Woodward, E., Ginsburg, D. B. and Monaco, J. J. (1997). Intermediates in the formation of mouse 20S proteasomes: implications for the assembly of precursor beta subunits. *Embo J* 16, 5363-75.

Nanduri, S., Carpick, B. W., Yang, Y., Williams, B. R. and Qin, J. (1998). Structure of the double-stranded RNA-binding domain of the protein kinase PKR reveals the molecular basis of its dsRNA-mediated activation. *EMBO J* 17, 5458-65.

Nanduri, S., Rahman, F., Williams, B. R. and Qin, J. (2000). A dynamically tuned double-stranded RNA binding mechanism for the activation of antiviral kinase PKR. *EMBO J* 19, 5567-74.

Narasimhan, J., Potter, J. L. and Haas, A. L. (1996). Conjugation of the 15-kDa interferon-induced ubiquitin homolog is distinct from that of ubiquitin. *J Biol Chem* 271, 324-30.

Nasirudeen, A. M., Wong, H. H., Thien, P., Xu, S., Lam, K. P. and Liu, D. X. (2011). RIG-I, MDA5 and TLR3 synergistically play an important role in restriction of dengue virus infection. *PLoS Negl Trop Dis* 5, e926.

Neagu, M. R., Ziegler, P., Pertel, T., Strambio-De-Castillia, C., Grutter, C., Martinetti, G., Mazzucchelli, L., Grutter, M., Manz, M. G. and Luban, J. (2009). Potent inhibition of HIV-1 by TRIM5-cyclophilin fusion proteins engineered from human components. *J Clin Invest* 119, 3035-47.

Nederlof, P. M., Wang, H. R. and Baumeister, W. (1995). Nuclear localization signals of human and Thermoplasma proteasomal alpha subunits are functional in vitro. *Proc Natl Acad Sci U S A* 92, 12060-4.

Nguyen, H., Ramana, C. V., Bayes, J. and Stark, G. R. (2001a). Roles of phosphatidylinositol 3-kinase in interferon-gamma-dependent phosphorylation of STAT1 on serine 727 and activation of gene expression. *J Biol Chem* 276, 33361-8.

Nguyen, L. H., Espert, L., Mechti, N. and Wilson, D. M., 3rd. (2001b). The human interferon- and estrogen-regulated ISG20/HEM45 gene product degrades single-stranded RNA and DNA in vitro. *Biochemistry* 40, 7174-9.

Nishimoto, T. (1999). A new role of ran GTPase. *Biochem Biophys Res Commun* 262, 571-4.

Nisole, S., Stoye, J. P. and Saib, A. (2005). TRIM family proteins: retroviral restriction and antiviral defence. *Nat Rev Microbiol* 3, 799-808.

Nurse, P. (2000). The incredible life and times of biological cells. *Science* 289, 1711-6.

O

Okumura, A., Lu, G., Pitha-Rowe, I. and Pitha, P. M. (2006). Innate antiviral response targets HIV-1 release by the induction of ubiquitin-like protein ISG15. *Proc Natl Acad Sci U S A* 103, 1440-5.

Okumura, F., Zou, W. and Zhang, D. E. (2007). ISG15 modification of the eIF4E cognate 4EHP enhances cap structure-binding activity of 4EHP. *Genes Dev* 21, 255-60.

Orimo, A., Tominaga, N., Yoshimura, K., Yamauchi, Y., Nomura, M., Sato, M., Nogi, Y., Suzuki, M., Suzuki, H., Ikeda, K. et al. (2000). Molecular cloning of ring finger protein 21 (RNF21)/interferon-responsive finger protein (ifp1), which possesses two RING-B box-coiled coil domains in tandem. *Genomics* 69, 143-9.

Oritani, K. and Kanakura, Y. (2005). IFN-zeta/ limitin: a member of type I IFN with mild lympho-myelosuppression. *J Cell Mol Med* 9, 244-54.

Oritani, K. and Tomiyama, Y. (2004). Interferon-zeta/limitin: novel type I interferon that displays a narrow range of biological activity. *Int J Hematol* 80, 325-31.

Oshiumi, H., Matsumoto, M., Funami, K., Akazawa, T. and Seya, T. (2003). TICAM-1, an adaptor molecule that participates in Toll-like receptor 3-mediated interferon-beta induction. *Nat Immunol* 4, 161-7.

Osiak, A., Utermohlen, O., Niendorf, S., Horak, I. and Knobeloch, K. P. (2005). ISG15, an interferon-stimulated ubiquitin-like protein, is not essential for STAT1 signaling and responses against vesicular stomatitis and lymphocytic choriomeningitis virus. *Mol Cell Biol* 25, 6338-45.

Owerbach, D., McKay, E. M., Yeh, E. T., Gabbay, K. H. and Bohren, K. M. (2005). A proline-90 residue unique to SUMO-4 prevents maturation and sumoylation. *Biochem Biophys Res Commun* 337, 517-20.

Ozato, K., Shin, D. M., Chang, T. H. and Morse, H. C., 3rd. (2008). TRIM family proteins and their emerging roles in innate immunity. *Nat Rev Immunol* 8, 849-60.

P

Pallansch, M. A., Kew, O. M., Palmenberg, A. C., Golini, F., Wimmer, E. and Rueckert, R. R. (1980). Picornaviral VPg sequences are contained in the replicase precursor. *J Virol* 35(2), 414-419.

Palmenberg, A. C. (1982). In vitro synthesis and assembly of picornaviral capsid intermediate structures. *J Virol* 44, 900-6.

Palmenberg, A. C., Kirby, E. M., Janda, M. R., Drake, N. L., Duke, G. M., Potratz, K. F. and Collett, M. S. (1984). The nucleotide and deduced amino acid sequences of the encephalomyocarditis viral polyprotein coding region. *Nucleic Acids Res* 12, 2969-85.

Pampin, M., Simonin, Y., Blondel, B., Percherancier, Y. and Chelbi-Alix, M. K. (2006). Cross talk between PML and p53 during poliovirus infection: implications for antiviral defense. *J Virol* 80, 8582-92.

Pang, I. K. and Iwasaki, A. (2012). Control of antiviral immunity by pattern recognition and the microbiome. *Immunol Rev* 245, 209-26.

Papon, L., Oteiza, A., Imaizumi, T., Kato, H., Brocchi, E., Lawson, T. G., Akira, S. and Mechti, N. (2009). The viral RNA recognition sensor RIG-I is degraded during encephalomyocarditis virus (EMCV) infection. *Virology* 393, 311-8.

Park, S. W., Hu, X., Gupta, P., Lin, Y. P., Ha, S. G. and Wei, L. N. (2007). SUMOylation of Tr2 orphan receptor involves Pml and fine-tunes Oct4 expression in stem cells. *Nat Struct Mol Biol* 14, 68-75.

Pelicano, L., Brumpt, C., Pitha, P. M. and Chelbi-Alix, M. K. (1999). Retinoic acid resistance in NB4 APL cells is associated with lack of interferon alpha synthesis Stat1 and p48 induction. *Oncogene* 18, 3944-53.

Perez de Diego, R., Sancho-Shimizu, V., Lorenzo, L., Puel, A., Plancoulaine, S., Picard, C., Herman, M., Cardon, A., Durandy, A., Bustamante, J. et al. (2010). Human TRAF3 adaptor molecule deficiency leads to impaired Toll-like receptor 3 response and susceptibility to herpes simplex encephalitis. *Immunity* 33, 400-11.

Pestka, S., Krause, C. D., Sarkar, D., Walter, M. R., Shi, Y. and Fisher, P. B. (2004). Interleukin-10 and related cytokines and receptors. *Annu Rev Immunol* 22, 929-79.

Pfeffer, L. M., Dinarello, C. A., Herberman, R. B., Williams, B. R., Borden, E. C., Bordens, R., Walter, M. R., Nagabhushan, T. L., Trotta, P. P. and Pestka, S. (1998). Biological properties of recombinant alpha-interferons: 40th anniversary of the discovery of interferons. *Cancer Res* 58, 2489-99.

Pfister, T., Jones, K. W. and Wimmer, E. (2000). A cysteine-rich motif in poliovirus protein 2C(ATPase) is involved in RNA replication and binds zinc in vitro. *J Virol* 74, 334-43.

Pichler, A., Gast, A., Seeler, J. S., Dejean, A. and Melchior, F. (2002). The nucleoporin RanBP2 has SUMO1 E3 ligase activity. *Cell* 108, 109-20.

Pichlmair, A. and Reis e Sousa, C. (2007). Innate recognition of viruses. *Immunity* 27, 370-83.

Platanias, L. C. (2005). Mechanisms of type-I- and type-II-interferon-mediated signalling. *Nat Rev Immunol* 5, 375-86.

Plechanovova, A., Jaffray, E. G., McMahon, S. A., Johnson, K. A., Navratilova, I., Naismith, J. H. and Hay, R. T. (2011). Mechanism of ubiquitylation by dimeric RING ligase RNF4. *Nat Struct Mol Biol* 18, 1052-9.

Porta, C., Hadj-Slimane, R., Nejmeddine, M., Pampin, M., Tovey, M. G., Espert, L., Alvarez, S. and Chelbi-Alix, M. K. (2005). Interferons alpha and gamma induce p53-dependent and p53-independent apoptosis, respectively. *Oncogene* 24, 605-15.

Praefcke, G. J., Hofmann, K. and Dohmen, R. J. (2011). SUMO playing tag with ubiquitin. *Trends Biochem Sci* 37, 23-31.

Prudden, J., Pebernard, S., Raffa, G., Slavin, D. A., Perry, J. J., Tainer, J. A., McGowan, C. H. and Boddy, M. N. (2007). SUMO-targeted ubiquitin ligases in genome stability. *Embo J* 26, 4089-101.

Puvion-Dutilleul, F., Chelbi-Alix, M. K., Koken, M., Quignon, F., Puvion, E. and de The, H. (1995a). Adenovirus infection induces rearrangements in the intranuclear distribution of the nuclear body-associated PML protein. *Exp Cell Res* 218, 9-16.

Puvion-Dutilleul, F., Legrand, V., Mehtali, M., Chelbi-Alix, M. K., de The, H. and Puvion, E. (1999). Deletion of the fiber gene induces the storage of hexon and penton base proteins in PML/Sp100-containing inclusions during adenovirus infection. *Biol Cell* 91, 617-28.

Puvion-Dutilleul, F., Venturini, L., Guillemin, M. C., de The, H. and Puvion, E. (1995b). Sequestration of PML and Sp100 proteins in an intranuclear viral structure during herpes simplex virus type 1 infection. *Exp Cell Res* 221, 448-61.

R

Rajsbaum, R., Stoye, J. P. and O'Garra, A. (2008). Type I interferon-dependent and -independent expression of tripartite motif proteins in immune cells. *Eur J Immunol* 38, 619-30.

Randall, R. E. and Goodbourn, S. (2008). Interferons and viruses: an interplay between induction, signalling, antiviral responses and virus countermeasures. *J Gen Virol* 89, 1-47.

Regad, T. and Chelbi-Alix, M. K. (2001). Role and fate of PML nuclear bodies in response to interferon and viral infections. *Oncogene* 20, 7274-7286.

Regad, T., Bellodi, C., Nicotera, P. and Salomoni, P. (2009). The tumor suppressor Pml regulates cell fate in the developing neocortex. *Nat Neurosci* 12, 132-40.

Regad, T., Saib, A., Lallemand-Breitenbach, V., Pandolfi, P. P., de The, H. and Chelbi-Alix, M. K. (2001). PML mediates the interferon-induced antiviral state against a complex retrovirus via its association with the viral transactivator. *EMBO J* 20, 3495-505.

Reichelt, M., Wang, L., Sommer, M., Perrino, J., Nour, A. M., Sen, N., Baiker, A., Zerboni, L. and Arvin, A. M. (2011). Entrapment of viral capsids in nuclear PML cages is an intrinsic antiviral host defense against varicella-zoster virus. *PLoS Pathog* 7, e1001266.

Renauld, J. C. (2003). Class II cytokine receptors and their ligands: key antiviral and inflammatory modulators. *Nat Rev Immunol* 3, 667-76.

Reymond, A., Meroni, G., Fantozzi, A., Merla, G., Cairo, S., Luzi, L., Riganelli, D., Zanaria, E., Messali, S., Cainarca, S. et al. (2001). The tripartite motif family identifies cell compartments. *EMBO J* 20, 2140-51.

Richer, M. J., Lavallee, D. J., Shanina, I. and Horwitz, M. S. (2009). Toll-like receptor 3 signaling on macrophages is required for survival following coxsackievirus B4 infection. *PLoS One* 4, e4127.

Rivett, A. J., Palmer, A. and Knecht, E. (1992). Electron microscopic localization of the multicatalytic proteinase complex in rat liver and in cultured cells. *J Histochem Cytochem* 40, 1165-72.

Roberts, W. K., Hovanessian, A., Brown, R. E., Clemens, M. J. and Kerr, I. M. (1976). Interferon-mediated protein kinase and low-molecular-weight inhibitor of protein synthesis. *Nature* 264, 477-80.

Rock, K. L., Gramm, C., Rothstein, L., Clark, K., Stein, R., Dick, L., Hwang, D. and Goldberg, A. L. (1994). Inhibitors of the proteasome block the degradation of most cell proteins and the generation of peptides presented on MHC class I molecules. *Cell* 78, 761-71.

Roth-Cross, J. K., Bender, S. J. and Weiss, S. R. (2008). Murine coronavirus mouse hepatitis virus is recognized by MDA5 and induces type I interferon in brain macrophages/microglia. *J Virol* 82, 9829-38.

Rothenfusser, S., Goutagny, N., DiPerna, G., Gong, M., Monks, B. G., Schoenemeyer, A., Yamamoto, M., Akira, S. and Fitzgerald, K. A. (2005). The RNA helicase Lgp2 inhibits TLR-independent sensing of viral replication by retinoic acid-inducible gene-I. *J Immunol* 175, 5260-8.

Rothlin, C. V., Ghosh, S., Zuniga, E. I., Oldstone, M. B. and Lemke, G. (2007). TAM receptors are pleiotropic inhibitors of the innate immune response. *Cell* 131, 1124-36.

Rutherford, M. N., Kumar, A., Nissim, A., Chebath, J. and Williams, B. R. (1991). The murine 2-5A synthetase locus: three distinct transcripts from two linked genes. *Nucleic Acids Res* 19, 1917-24.

Rytinki, M. M., Kaikkonen, S., Pehkonen, P., Jaaskelainen, T. and Palvimo, J. J. (2009). PIAS proteins: pleiotropic interactors associated with SUMO. *Cell Mol Life Sci* 66, 3029-41.

S

Sadler, A. J. and Williams, B. R. (2008). Interferon-inducible antiviral effectors. *Nat Rev Immunol* 8, 559-68.

Saitoh, H., Pu, R., Cavenagh, M. and Dasso, M. (1997). RanBP2 associates with Ubc9p and a modified form of RanGAP1. *Proc Natl Acad Sci U S A* 94, 3736-41.

Sakai, N., Sawada, H. and Yokosawa, H. (2003). Extracellular ubiquitin system implicated in fertilization of the ascidian, Halocynthia roretzi: isolation and characterization. *Dev Biol* 264, 299-307.

Salomoni, P. and Pandolfi, P. P. (2002). The role of PML in tumor suppression. *Cell* 108, 165-70.

Sancho-Shimizu, V., Zhang, S. Y., Abel, L., Tardieu, M., Rozenberg, F., Jouanguy, E. and Casanova, J. L. (2007). Genetic susceptibility to herpes simplex virus 1 encephalitis in mice and humans. *Curr Opin Allergy Clin Immunol* 7, 495-505.

Sardiello, M., Cairo, S., Fontanella, B., Ballabio, A. and Meroni, G. (2008). Genomic analysis of the TRIM family reveals two groups of genes with distinct evolutionary properties. *BMC Evol Biol* 8, 225.

Satoh, T., Kato, H., Kumagai, Y., Yoneyama, M., Sato, S., Matsushita, K., Tsujimura, T., Fujita, T., Akira, S. and Takeuchi, O. (2010). LGP2 is a positive regulator of RIG-I- and MDA5-mediated antiviral responses. *Proc Natl Acad Sci U S A* 107, 1512-7.

Sayah, D. M., Sokolskaja, E., Berthoux, L. and Luban, J. (2004). Cyclophilin A retrotransposition into TRIM5 explains owl monkey resistance to HIV-1. *Nature* 430, 569-73.

Schmidt, D. and Muller, S. (2002). Members of the PIAS family act as SUMO ligases for c-Jun and p53 and repress p53 activity. *Proc Natl Acad Sci U S A* 99, 2872-7.

Schoenborn, J. R. and Wilson, C. B. (2007). Regulation of interferon-gamma during innate and adaptive immune responses. *Adv Immunol* 96, 41-101.

Schulz, O., Diebold, S. S., Chen, M., Naslund, T. I., Nolte, M. A., Alexopoulou, L., Azuma, Y. T., Flavell, R. A., Liljestrom, P. and Reis e Sousa, C. (2005). Toll-like receptor 3 promotes cross-priming to virus-infected cells. *Nature* 433, 887-92.

Seeler, J. S. and Dejean, A. (2003). Nuclear and unclear functions of SUMO. *Nat Rev Mol Cell Biol* 4, 690-9.

Shah, S. J., Blumen, S., Pitha-Rowe, I., Kitareewan, S., Freemantle, S. J., Feng, Q. and Dmitrovsky, E. (2008). UBE1L represses PML/RAR{alpha} by targeting the PML domain for ISG15ylation. *Mol Cancer Ther* 7, 905-14.

Shen, T. H., Lin, H. K., Scaglioni, P. P., Yung, T. M. and Pandolfi, P. P. (2006). The Mechanisms of PML-Nuclear Body Formation. *Mol Cell* 24, 331-339.

Sheppard, P., Kindsvogel, W., Xu, W., Henderson, K., Schlutsmeyer, S., Whitmore, T. E., Kuestner, R., Garrigues, U., Birks, C., Roraback, K. et al. (2003). IL-28, IL-29 and their class II cytokine receptor IL-28R. *Nat Immunol* 4, 63-8.

Short, K. M. and Cox, T. C. (2006). Subclassification of the RBCC/TRIM superfamily reveals a novel motif necessary for microtubule binding. *J Biol Chem* 281, 8970-80.

Shortman, K. and Heath, W. R. (2010). The CD8+ dendritic cell subset. *Immunol Rev* 234, 18-31.

Slater, L., Bartlett, N. W., Haas, J. J., Zhu, J., Message, S. D., Walton, R. P., Sykes, A., Dahdaleh, S., Clarke, D. L., Belvisi, M. G. et al. (2010). Co-ordinated role of TLR3, RIG-I and MDA5 in the innate response to rhinovirus in bronchial epithelium. *PLoS Pathog* 6, e1001178.

Song, P., Xie, Z., Wu, Y., Xu, J., Dong, Y. and Zou, M. H. (2008). Protein kinase Czeta-dependent LKB1 serine 428 phosphorylation increases LKB1 nucleus export and apoptosis in endothelial cells. *J Biol Chem* 283, 12446-55.

Sorokin, A. V., Kim, E. R. and Ovchinnikov, L. P. (2007). Nucleocytoplasmic transport of proteins. *Biochemistry (Mosc)* 72, 1439-57.

Sorokin, A. V., Kim, E. R. and Ovchinnikov, L. P. (2009). Proteasome system of protein degradation and processing. *Biochemistry (Mosc)* 74, 1411-42.

Spann, K. M., Tran, K. C., Chi, B., Rabin, R. L. and Collins, P. L. (2004). Suppression of the induction of alpha, beta, and lambda interferons by the NS1 and NS2 proteins of human respiratory syncytial virus in human epithelial cells and macrophages [corrected]. *J Virol* 78, 4363-9.

Stadler, M., Chelbi-Alix, M. K., Koken, M. H., Venturini, L., Lee, C., Saib, A., Quignon, F., Pelicano, L., Guillemin, M. C., Schindler, C. et al. (1995). Transcriptional induction of the PML growth suppressor gene by interferons is mediated through an ISRE and a GAS element. *Oncogene* 11, 2565-73.

Starita, L. M., Horwitz, A. A., Keogh, M. C., Ishioka, C., Parvin, J. D. and Chiba, N. (2005). BRCA1/BARD1 ubiquitinate phosphorylated RNA polymerase II. *J Biol Chem* 280, 24498-505.

Stark, G. R., Kerr, I. M., Williams, B. R., Silverman, R. H. and Schreiber, R. D. (1998). How cells respond to interferons. *Annu Rev Biochem* 67, 227-64.

Stehmeier, P. and Muller, S. (2009). Phospho-regulated SUMO interaction modules connect the SUMO system to CK2 signaling. *Mol Cell* 33, 400-9.

Sternsdorf, T., Jensen, K., Reich, B. and Will, H. (1999). The nuclear dot protein sp100, characterization of domains necessary for dimerization, subcellular localization, and modification by small ubiquitin-like modifiers. *J Biol Chem* 274, 12555-66.

Stremlau, M., Owens, C. M., Perron, M. J., Kiessling, M., Autissier, P. and Sodroski, J. (2004). The cytoplasmic body component TRIM5alpha restricts HIV-1 infection in Old World monkeys. *Nature* 427, 848-53.

Sun, H., Leverson, J. D. and Hunter, T. (2007). Conserved function of RNF4 family proteins in eukaryotes: targeting a ubiquitin ligase to SUMOylated proteins. *Embo J* 26, 4102-12.

Svitkin, Y. V., Hahn, H., Gingras, A. C., Palmenberg, A. C. and Sonenberg, N. (1998). Rapamycin and wortmannin enhance replication of a defective encephalomyocarditis virus. *J Virol* 72, 5811-9.

Szekely, L., Pokrovskaja, K., Jiang, W. Q., de The, H., Ringertz, N. and Klein, G. (1996). The Epstein-Barr virus-encoded nuclear antigen EBNA-5 accumulates in PML-containing bodies. *J Virol* 70, 2562-8.

Szekely, L., Selivanova, G., Magnusson, K. P., Klein, G. and Wiman, K. G. (1993). EBNA-5, an Epstein-Barr virus-encoded nuclear antigen, binds to the retinoblastoma and p53 proteins. *Proc Natl Acad Sci U S A* 90, 5455-9.

T

Tabeta, K., Hoebe, K., Janssen, E. M., Du, X., Georgel, P., Crozat, K., Mudd, S., Mann, N., Sovath, S., Goode, J. et al. (2006). The Unc93b1 mutation 3d disrupts exogenous antigen presentation and signaling via Toll-like receptors 3, 7 and 9. *Nat Immunol* 7, 156-64.

Takahashi, Y., Kahyo, T., Toh, E. A., Yasuda, H. and Kikuchi, Y. (2001). Yeast Ull1/Siz1 is a novel SUMO1/Smt3 ligase for septin components and functions as an adaptor between conjugating enzyme and substrates. *J Biol Chem* 276, 48973-7.

Takaoka, A., Wang, Z., Choi, M. K., Yanai, H., Negishi, H., Ban, T., Lu, Y., Miyagishi, M., Kodama, T., Honda, K. et al. (2007). DAI (DLM-1/ZBP1) is a cytosolic DNA sensor and an activator of innate immune response. *Nature* 448, 501-5.

Takeuchi, O. and Akira, S. (2007a). [Pathogen recognition by innate immunity]. *Arerugi* 56, 558-62.

Takeuchi, O. and Akira, S. (2007b). Recognition of viruses by innate immunity. *Immunol Rev* 220, 214-24.

Takeuchi, O. and Akira, S. (2007c). Signaling pathways activated by microorganisms. *Curr Opin Cell Biol* 19, 185-91.

Takeuchi, O. and Akira, S. (2010). Pattern recognition receptors and inflammation. *Cell* 140, 805-20.

Takeuchi, T., Inoue, S. and Yokosawa, H. (2006a). Identification and Herc5-mediated ISGylation of novel target proteins. *Biochem Biophys Res Commun* 348, 473-7.

Takeuchi, T., Iwahara, S., Saeki, Y., Sasajima, H. and Yokosawa, H. (2005). Link between the ubiquitin conjugation system and the ISG15 conjugation system: ISG15 conjugation to the UbcH6 ubiquitin E2 enzyme. *J Biochem* 138, 711-9.

Takeuchi, T., Kobayashi, T., Tamura, S. and Yokosawa, H. (2006b). Negative regulation of protein phosphatase 2Cbeta by ISG15 conjugation. *FEBS Lett* 580, 4521-6.

Tanaka, K., Yoshimura, T., Tamura, T., Fujiwara, T., Kumatori, A. and Ichihara, A. (1990). Possible mechanism of nuclear translocation of proteasomes. *FEBS Lett* 271, 41-6.

Tatham, M. H., Geoffroy, M. C., Shen, L., Plechanovova, A., Hattersley, N., Jaffray, E. G., Palvimo, J. J. and Hay, R. T. (2008). RNF4 is a poly-SUMO-specific E3 ubiquitin ligase required for arsenic-induced PML degradation. *Nat Cell Biol.* 10(5), 538-46.

Tatham, M. H., Geoffroy, M. C., Shen, L., Plechanovova, A., Hattersley, N., Jaffray, E. G., Palvimo, J. J. and Hay, R. T. (2008). RNF4 is a poly-SUMO-specific E3 ubiquitin ligase required for arsenic-induced PML degradation. *Nat Cell Biol.* 10(5), 538-46.

Tavalai, N. and Stamminger, T. (2008). New insights into the role of the subnuclear structure ND10 for viral infection. *Biochim Biophys Acta* 1783(11), 2207-2221.

Tavalai, N., Papior, P., Rechter, S. and Stamminger, T. (2008). Nuclear domain 10 components promyelocytic leukemia protein and hDaxx independently contribute to an intrinsic antiviral defense against human cytomegalovirus infection. *J Virol* 82, 126-37.

Thompson, J. M. and Iwasaki, A. (2008). Toll-like receptors regulation of viral infection and disease. *Adv Drug Deliv Rev* 60, 786-94.

Thrower, J. S., Hoffman, L., Rechsteiner, M. and Pickart, C. M. (2000). Recognition of the polyubiquitin proteolytic signal. *Embo J* 19, 94-102.

Tissot, C. and Mechti, N. (1995). Molecular cloning of a new interferon-induced factor that represses human immunodeficiency virus type 1 long terminal repeat expression. *J Biol Chem* 270, 14891-8.

Tissot, C., Taviaux, S. A., Diriong, S. and Mechti, N. (1996). Localization of Staf50, a member of the Ring finger family, to 11p15 by fluorescence in situ hybridization. *Genomics* 34, 151-3.

Toniato, E., Chen, X. P., Losman, J., Flati, V., Donahue, L. and Rothman, P. (2002). TRIM8/GERP RING finger protein interacts with SOCS-1. *J Biol Chem* 277, 37315-22.

Towers, G., Bock, M., Martin, S., Takeuchi, Y., Stoye, J. P. and Danos, O. (2000). A conserved mechanism of retrovirus restriction in mammals. *Proc Natl Acad Sci U S A* 97, 12295-9.

Trotman, L. C., Alimonti, A., Scaglioni, P. P., Koutcher, J. A., Cordon-Cardo, C. and Pandolfi, P. P. (2006). Identification of a tumour suppressor network opposing nuclear Akt function. *Nature* 441, 523-7.

Tsukamoto, T., Hashiguchi, N., Janicki, S. M., Tumbar, T., Belmont, A. S. and Spector, D. L. (2000). Visualization of gene activity in living cells. *Nat Cell Biol* 2, 871-8.

Turan, K., Mibayashi, M., Sugiyama, K., Saito, S., Numajiri, A. and Nagata, K. (2004). Nuclear MxA proteins form a complex with influenza virus NP and inhibit the transcription of the engineered influenza virus genome. *Nucleic Acids Res* 32, 643-52.

U

Uchil, P. D., Quinlan, B. D., Chan, W. T., Luna, J. M. and Mothes, W. (2008). TRIM E3 ligases interfere with early and late stages of the retroviral life cycle. *PLoS Pathog* 4, e16.

Uddin, S., Lekmine, F., Sharma, N., Majchrzak, B., Mayer, I., Young, P. R., Bokoch, G. M., Fish, E. N. and Platanias, L. C. (2000). The Rac1/p38 mitogen-activated protein kinase pathway is required for interferon alpha-dependent transcriptional activation but not serine phosphorylation of Stat proteins. *J Biol Chem* 275, 27634-40.

Uddin, S., Majchrzak, B., Woodson, J., Arunkumar, P., Alsayed, Y., Pine, R., Young, P. R., Fish, E. N. and Platanias, L. C. (1999). Activation of the p38 mitogen-activated protein kinase by type I interferons. *J Biol Chem* 274, 30127-31.

Uddin, S., Sassano, A., Deb, D. K., Verma, A., Majchrzak, B., Rahman, A., Malik, A. B., Fish, E. N. and Platanias, L. C. (2002). Protein kinase C-delta (PKC-delta) is activated by type I interferons and mediates phosphorylation of Stat1 on serine 727. *J Biol Chem* 277, 14408-16.

Uddin, S., Yenush, L., Sun, X. J., Sweet, M. E., White, M. F. and Platanias, L. C. (1995). Interferon-alpha engages the insulin receptor substrate-1 to associate with the phosphatidylinositol 3'-kinase. *J Biol Chem* 270, 15938-41.

Unterholzner, L., Keating, S. E., Baran, M., Horan, K. A., Jensen, S. B., Sharma, S., Sirois, C. M., Jin, T., Latz, E., Xiao, T. S. et al. (2010). IFI16 is an innate immune sensor for intracellular DNA. *Nat Immunol* 11, 997-1004.

Uze, G. and Monneron, D. (2007). IL-28 and IL-29: newcomers to the interferon family. *Biochimie* 89, 729-34.

Uzunova, K., Gottsche, K., Miteva, M., Weisshaar, S. R., Glanemann, C., Schnellhardt, M., Niessen, M., Scheel, H., Hofmann, K., Johnson, E. S. et al. (2007). Ubiquitin-dependent proteolytic control of SUMO conjugates. *J Biol Chem* 282, 34167-75.

V

Van Damme, E., Laukens, K., Dang, T. H. and Van Ostade, X. (2010). A manually curated network of the PML nuclear body interactome reveals an important role for PML-NBs in SUMOylation dynamics. *Int J Biol Sci* 6, 51-67.

Van Dyke, T. A. and Flanegan, J. B. (1980). Identification of poliovirus polypeptide P63 as a soluble RNA-dependent RNA polymerase. *J Virol* 35(3), 732-740.

Van Hagen, M., Overmeer, R. M., Abolvardi, S. S. and Vertegaal, A. C. RNF4 and VHL regulate the proteasomal degradation of SUMO-conjugated Hypoxia-Inducible Factor-2alpha. *Nucleic Acids Res* 38, 1922-31.

Venkataraman, T., Valdes, M., Elsby, R., Kakuta, S., Caceres, G., Saijo, S., Iwakura, Y. and Barber, G. N. (2007). Loss of DExD/H box RNA helicase LGP2 manifests disparate antiviral responses. *J Immunol* 178, 6444-55.

Verger, A., Perdomo, J. and Crossley, M. (2003). Modification with SUMO. A role in transcriptional regulation. *EMBO Rep* 4, 137-42.

W

Wada, M., Kosaka, M., Saito, S., Sano, T., Tanaka, K. and Ichihara, A. (1993). Serum concentration and localization in tumor cells of proteasomes in patients with hematologic malignancy and their pathophysiologic significance. *J Lab Clin Med* 121, 215-23.

Walden, H., Podgorski, M. S., Huang, D. T., Miller, D. W., Howard, R. J., Minor, D. L., Jr., Holton, J. M. and Schulman, B. A. (2003). The structure of the APPBP1-UBA3-NEDD8-ATP complex reveals the basis for selective ubiquitin-like protein activation by an E1. *Mol Cell* 12, 1427-37.

Wang, H. R., Kania, M., Baumeister, W. and Nederlof, P. M. (1997). Import of human and Thermoplasma 20S proteasomes into nuclei of HeLa cells requires functional NLS sequences. *Eur J Cell Biol* 73, 105-13.

Wang, J. P., Asher, D. R., Chan, M., Kurt-Jones, E. A. and Finberg, R. W. (2007). Cutting Edge: Antibody-mediated TLR7-dependent recognition of viral RNA. *J Immunol* 178, 3363-7.

Wang, L., Oliver, S. L., Sommer, M., Rajamani, J., Reichelt, M. and Arvin, A. M. (2011). Disruption of PML nuclear bodies is mediated by ORF61 SUMO-interacting motifs and required for varicella-zoster virus pathogenesis in skin. *PLoS Pathog* 7, e1002157.

Wang, T., Town, T., Alexopoulou, L., Anderson, J. F., Fikrig, E. and Flavell, R. A. (2004). Toll-like receptor 3 mediates West Nile virus entry into the brain causing lethal encephalitis. *Nat Med* 10, 1366-73.

Wang, Y., Swiecki, M., McCartney, S. A. and Colonna, M. (2011). dsRNA sensors and plasmacytoid dendritic cells in host defense and autoimmunity. *Immunol Rev* 243, 74-90.

Wang, Z., Choi, M. K., Ban, T., Yanai, H., Negishi, H., Lu, Y., Tamura, T., Takaoka, A., Nishikura, K. and Taniguchi, T. (2008). Regulation of innate immune responses by DAI (DLM-1/ZBP1) and other DNA-sensing molecules. *Proc Natl Acad Sci U S A* 105, 5477-82.

Weber, F. (2007). Interaction of hepatitis C virus with the type I interferon system. *World J Gastroenterol* 13, 4818-23.

Weber, F., Wagner, V., Kessler, N. and Haller, O. (2006). Induction of interferon synthesis by the PKR-inhibitory VA RNAs of adenoviruses. *J Interferon Cytokine Res* 26, 1-7.

Weidtkamp-Peters, S., Lenser, T., Negorev, D., Gerstner, N., Hofmann, T. G., Schwanitz, G., Hoischen, C., Maul, G., Dittrich, P. and Hemmerich, P. (2008). Dynamics of component exchange at PML nuclear bodies. *J Cell Sci* 121, 2731-43.

Weis, K., Rambaud, S., Lavau, C., Jansen, J., Carvalho, T., Carmo-Fonseca, M., Lamond, A. and Dejean, A. (1994). Retinoic acid regulates aberrant nuclear localization of PML-RAR alpha in acute promyelocytic leukemia cells. *Cell* 76(2), 345-356.

Weisshaar, S. R., Keusekotten, K., Krause, A., Horst, C., Springer, H. M., Gottsche, K., Dohmen, R. J. and Praefcke, G. J. (2008). Arsenic trioxide stimulates SUMO-2/3 modification leading to RNF4-dependent proteolytic targeting of PML. *FEBS Lett* 582, 3174-8.

Wiesmeijer, K., Molenaar, C., Bekeer, I. M., Tanke, H. J. and Dirks, R. W. (2002). Mobile foci of Sp100 do not contain PML: PML bodies are immobile but PML and Sp100 proteins are not. *J Struct Biol* 140, 180-8.

Wimmer, P., Schreiner, S. and Dobner, T. (2011). Human Pathogens and the Host Cell SUMOylation System. *J Virol* 86, 642-54.

Wojcik, C., Benchaib, M., Lornage, J., Czyba, J. C. and Guerin, J. F. (2000a). Localization of proteasomes in human oocytes and preimplantation embryos. *Mol Hum Reprod* 6, 331-6.

Wojcik, C., Benchaib, M., Lornage, J., Czyba, J. C. and Guerin, J. F. (2000b). Proteasomes in human spermatozoa. *Int J Androl* 23, 169-77.

Wolk, K., Witte, K., Witte, E., Proesch, S., Schulze-Tanzil, G., Nasilowska, K., Thilo, J., Asadullah, K., Sterry, W., Volk, H. D. et al. (2008). Maturing dendritic cells are an important source of IL-29 and IL-20 that may cooperatively increase the innate immunity of keratinocytes. *J Leukoc Biol* 83, 1181-93.

Wong, J. J., Pung, Y. F., Sze, N. S. and Chin, K. C. (2006). HERC5 is an IFN-induced HECT-type E3 protein ligase that mediates type I IFN-induced ISGylation of protein targets. *Proc Natl Acad Sci U S A* 103, 10735-40.

Wreschner, D. H., McCauley, J. W., Skehel, J. J. and Kerr, I. M. (1981). Interferon action-- sequence specificity of the ppp(A2'p)nA-dependent ribonuclease. *Nature* 289, 414-7.

X

Xie, Y., Kerscher, O., Kroetz, M. B., McConchie, H. F., Sung, P. and Hochstrasser, M. (2007). The yeast Hex3.Slx8 heterodimer is a ubiquitin ligase stimulated by substrate sumoylation. *J Biol Chem* 282, 34176-84.

Xu, L. G., Wang, Y. Y., Han, K. J., Li, L. Y., Zhai, Z. and Shu, H. B. (2005). VISA is an adapter protein required for virus-triggered IFN-beta signaling. *Mol Cell* 19, 727-40.

Y

Yanai, H., Savitsky, D., Tamura, T. and Taniguchi, T. (2009). Regulation of the cytosolic DNA-sensing system in innate immunity: a current view. *Curr Opin Immunol* 21, 17-22.

Yang, S., Kuo, C., Bisi, J. E. and Kim, M. K. (2002). PML-dependent apoptosis after DNA damage is regulated by the checkpoint kinase hCds1/Chk2. *Nat Cell Biol* 4, 865-70.

Yewdell, J. W., Schubert, U. and Bennink, J. R. (2001). At the crossroads of cell biology and immunology: DRiPs and other sources of peptide ligands for MHC class I molecules. *J Cell Sci* 114, 845-51.

Yoboua, F., Martel, A., Duval, A., Mukawera, E. and Grandvaux, N. (2010). Respiratory syncytial virus-mediated NF-kappa B p65 phosphorylation at serine 536 is dependent on RIG-I, TRAF6, and IKK beta. *J Virol* 84, 7267-77.

Yoneyama, M. and Fujita, T. (2009). RNA recognition and signal transduction by RIG-I-like receptors. *Immunol Rev* 227, 54-65.

Yoshimura, A., Naka, T. and Kubo, M. (2007). SOCS proteins, cytokine signalling and immune regulation. *Nat Rev Immunol* 7, 454-65.

Yuan, W. and Krug, R. M. (2001). Influenza B virus NS1 protein inhibits conjugation of the interferon (IFN)-induced ubiquitin-like ISG15 protein. *EMBO J* 20, 362-71.

Z

Zhang, F., Hatziioannou, T., Perez-Caballero, D., Derse, D. and Bieniasz, P. D. (2006). Antiretroviral potential of human tripartite motif-5 and related proteins. *Virology* 353, 396-409.

Zhang, S. Y., Jouanguy, E., Ugolini, S., Smahi, A., Elain, G., Romero, P., Segal, D., Sancho-Shimizu, V., Lorenzo, L., Puel, A. et al. (2007). TLR3 deficiency in patients with herpes simplex encephalitis. *Science* 317, 1522-7.

Zhang, X., Kondo, M., Chen, J., Miyoshi, H., Suzuki, H., Ohashi, T. and Shida, H. (2010). Inhibitory effect of human TRIM5alpha on HIV-1 production. *Microbes Infect* 12, 768-77.

Zhao, C., Denison, C., Huibregtse, J. M., Gygi, S. and Krug, R. M. (2005). Human ISG15 conjugation targets both IFN-induced and constitutively expressed proteins functioning in diverse cellular pathways. *Proc Natl Acad Sci U S A* 102, 10200-5.

Zhao, Y., Kwon, S. W., Anselmo, A., Kaur, K. and White, M. A. (2004). Broad spectrum identification of cellular small ubiquitin-related modifier (SUMO) substrate proteins. *J Biol Chem* 279, 20999-1002.

Zhong, B., Yang, Y., Li, S., Wang, Y. Y., Li, Y., Diao, F., Lei, C., He, X., Zhang, L., Tien, P. et al. (2008). The adaptor protein MITA links virus-sensing receptors to IRF3 transcription factor activation. *Immunity* 29, 538-50.

Zhong, S., Muller, S., Ronchetti, S., Freemont, P. S., Dejean, A. and Pandolfi, P. P. (2000). Role of SUMO-1-modified PML in nuclear body formation. *Blood* 95, 2748-52.

Zhou, A., Paranjape, J. M., Der, S. D., Williams, B. R. and Silverman, R. H. (1999). Interferon action in triply deficient mice reveals the existence of alternative antiviral pathways. *Virology* 258, 435-40.

Zhou, A., Paranjape, J., Brown, T. L., Nie, H., Naik, S., Dong, B., Chang, A., Trapp, B., Fairchild, R., Colmenares, C. et al. (1997). Interferon action and apoptosis are defective in mice devoid of 2',5'-oligoadenylate-dependent RNase L. *EMBO J* 16, 6355-63.

Zhou, S., Cerny, A. M., Zacharia, A., Fitzgerald, K. A., Kurt-Jones, E. A. and Finberg, R. W. (2010). Induction and inhibition of type I interferon responses by distinct components of lymphocytic choriomeningitis virus. *J Virol* 84, 9452-62.

Zhu, J., Gianni, M., Kopf, E., Honore, N., Chelbi-Alix, M., Koken, M., Quignon, F., Rochette-Egly, C. and de The, H. (1999). Retinoic acid induces proteasome-dependent degradation of retinoic acid receptor alpha (RARalpha) and oncogenic RARalpha fusion proteins. *Proc Natl Acad Sci U S A* 96, 14807-12.

Zhu, J., Koken, M. H., Quignon, F., Chelbi-Alix, M. K., Degos, L., Wang, Z. Y., Chen, Z. and de The, H. (1997). Arsenic-induced PML targeting onto nuclear bodies: implications for the treatment of acute promyelocytic leukemia. *Proc Natl Acad Sci U S A* 94, 3978-83.

Zou, W. and Zhang, D. E. (2006). The interferon-inducible ubiquitin-protein isopeptide ligase (E3) EFP also functions as an ISG15 E3 ligase. *J Biol Chem* 281, 3989-94.

Oui, je veux morebooks!

i want morebooks!

Buy your books fast and straightforward online - at one of world's fastest growing online book stores! Environmentally sound due to Print-on-Demand technologies.

Buy your books online at
www.get-morebooks.com

Achetez vos livres en ligne, vite et bien, sur l'une des librairies en ligne les plus performantes au monde!
En protégeant nos ressources et notre environnement grâce à l'impression à la demande.

La librairie en ligne pour acheter plus vite
www.morebooks.fr

 VDM Verlagsservicegesellschaft mbH
Heinrich-Böcking-Str. 6-8 Telefon: +49 681 3720 174   info@vdm-vsg.de
D - 66121 Saarbrücken   Telefax: +49 681 3720 1749 www.vdm-vsg.de

Printed by Books on Demand GmbH, Norderstedt / Germany